职业技能培训教材

◎王雪生 吕 俊 主编

电 工

中国农业科学技术出版社

图书在版编目（CIP）数据

电工／王雪生，吕俊主编.—北京：中国农业科学技术出版社，2016.5

ISBN 978 – 7 – 5116 – 2543 – 4

Ⅰ.①电… Ⅱ.①王…②吕… Ⅲ.①电工技术 – 技术培训 – 教材 Ⅳ.①TM

中国版本图书馆 CIP 数据核字（2016）第 050878 号

责任编辑　　徐　毅
责任校对　　马广洋

出 版 者　　中国农业科学技术出版社
　　　　　　北京市中关村南大街 12 号　邮编：100081
电　　话　　(010)82106631(编辑室)　　(010)82109702(发行部)
　　　　　　(010)82109709(读者服务部)
传　　真　　(010)82106631
网　　址　　http://www.castp.cn
经 销 者　　各地新华书店
印 刷 者　　北京富泰印刷有限责任公司
开　　本　　850mm×1168mm　1/32
印　　张　　5.625
字　　数　　135 千字
版　　次　　2016 年 5 月第 1 版　2017 年 8 月第 3 次印刷
定　　价　　15.80 元

《电工》

编 委 会

主　编　王雪生　吕　俊

副主编　张人川　张立平　文　辉

编　委　叶良炫　宣正阳　覃　维

前　言

目前，我国不仅需要有文凭的知识型人才，更需要有操作技能的技术型人才。如家政服务员、计算机操作员、厨师、物流师、电工、焊工等，这些人员都是有一技之长的劳动者，也是当前社会最为缺乏的一类人才。为了帮助就业者在最短的时间内掌握一门技能，达到上岗要求，全国各地陆续开设了职业技能短期培训课程。作者以此为契机，结合职业技能短期培训的特点，以有用实用为基本原则，并依据相应职业的国家职业标准和岗位要求，组织有关技术人员编写了职业技能短期培训系列教材。

本书为《电工技能》，主要具有如下特点。

第一，短。教材适合短期培训，在较短的时间内，让学员掌握一种技能，从而实现就业。

第二，薄。教材厚度薄。教材中只讲述必要的知识和技能，不详细介绍有关的理论，避免多而全，强调有用和实用，从而将最有效的技能传授给学员。

第三，易。文字简练，深入浅出，并配发了翔实的图片，清晰地传递必备知识和基本技能，对于短期培训学员来说，容易理解和掌握，具有较高的实用性和可读性。

相信通过本书的阅读和学习，对电工工作会有一个全新的认识和专业能力的提高。

本书适合于相关职业学校、职业培训机构在开展职业技能短期培训时使用，也可供电工工作相关人员参考阅读。

由于编写时间仓促和编者水平有限，书中难免存在不足之处，欢迎广大读者提出宝贵建议，以便再版时修订。

作 者

2016 年 1 月

目　　录

第一章　电工基本安全技术

第一节　常用电气操作安全要求

一、文明操作安全要求

（1）缺少电器操作知识和技能的人员，不得从事电气操作。

（2）严谨细致，具有高度的责任感；爱护工具、仪器仪表、设备器材。

（3）工作场地保持清洁、整齐，保持符合电气操作的安全环境，工具摆放符合要求。

（4）工作时要穿长袖衣服，戴绝缘手套，使用绝缘工具，站在绝缘板上作业，对相邻带电体和接地金属体应用绝缘板隔订开。

（5）电工工具、仪器仪表和器材选择符合操作要求。

（6）有团队合作精神，在从事相关作业时配合默契、互相支持。

（7）操作结束后认真清点工具器材，严防工具、器材遗留在设备内和电线杆塔上。

（8）定期检查电工工具和防护用品的绝缘功能，对不合要求者，必须更换。

（9）在需要切断故障区域电源时，应认真策划，尽量只切断故障区域分路，力求缩小停电范围。

二、操作技术安全要求

（1）严谨在运行中检修电气设备，操作前必须切断电源。检测设备和线路，确定无电方可开展工作。

（2）必须带电操作时，要经过批准，并由专人监护和切实的保护措施。

（3）发生电气火灾时，首先切断电源，用二氧化碳灭火器或干粉灭火器扑灭电气火灾，严谨使用水或泡沫灭火器。

（4）停电操作时，应悬挂安全警示牌，严格遵守停电操作规定，切实做好突然来电的防护措施。停电时在分断电源开关后，必须用试电笔检验开关的输出端，确认无电后方可操作。

（5）分断电源时，应该先分断负荷开关，再分断隔离开关；接通电源时，先闭合隔离开关，再闭合负荷开关。

（6）不用湿手接触、湿布擦拭带电电器。

（7）电器设备上及附近不得放置杂物。

（8）不得行走和停留在高压电杆、铁塔和有避雷器的区域。万一高压线路断落在身边或已经在避雷器下面遇到雷电时，应单脚或双脚并拢跳离危险区域。

三、电气设备安装维修安全要求

（1）电气设备的金属外壳必须可靠接地或接零。严禁切断电气设备的保护接地线或保护接零线。在单相电气设备中应使用接地或接零的三脚插头和三孔插座，但要注意不得将金属外壳的保护接地或接零线与工作接地线并在一起插入插座。同理，在三相电路中要选用四脚插头和四孔插座。

（2）切除电气设备后，对还需要继续供电的线路，必须处理好线头的绝缘。

（3）熔断器的容量必须与它所保护的电器设备最大容量相

适应，不得随意增大或减小。

（4）从插座上取电时，用电器的最大电流不得大于插座的允许电流。

（5）所有的用电器开关和熔断器必须安装在相线上。

（6）对照明器具，必须保持不小于如下安全距离：拉线开关 1.8m，壁开关 1.3m；居民生活用灯头 1.8m，办公桌、商店柜台上方吊灯头 1.5m；特别潮湿、危险环境、户外灯及生产车间的吊灯 2.5m。

四、家庭用电的相关安全要求

（1）使用单相电器时，力求选用三脚插头和配套的三孔插座。其中，上方的专用插孔应妥善接地或接零。

（2）使用电热器具，必须有人监护，人员离开时应切断电源。对工作温度高的电器，附近不得存放易燃易爆物品。

（3）不得用手移动工作中的电器，必须移动时，应先关闭电源，拔下插头。

（4）长时间不用的电器，应拔下电源插头。

（5）电器出现异常温度、响声、气味时，应立即切断电源。

第二节　安全电压

电压越高对人体的危害越大，什么样的电压才是安全的呢？安全电压是指较长时间接触而不会使人致死或致残的电压。

国家标准《安全电压》（GB 3850—2008）规定我国安全电压额定值常用等级为 42V、36V、24V 和 12V 4 个等级。工程上应根据作业场所、操作条件、使用方式、供电方式、线路状况等因素恰当使用。

人体接触的电压越高，通过人体的电流越大，只要超过

0.1A 就能造成触电死亡。人体对电流的反映：8 ~ 10mA 手摆脱电极已感到困难，有剧痛感（手指关节）；20 ~ 25mA 手迅速麻痹，不能自动摆脱电极，呼吸困难；50 ~ 80mA 呼吸困难，心房开始震颤；90 ~ 100mA 呼吸麻痹，3s 后心脏开始麻痹，停止跳动。规定直流安全电流为 50mA，交流安全电流为 10mA。

频率的高低：一般说来工频 50 ~ 60Hz 对人体是最危险的。人体的电阻：人触电时与人体的电阻有关。人体的电阻一般在 800Ω 以上，主要是皮肤角质层电阻大。当皮肤出汗、潮湿和有灰尘（金属灰尘、炭质灰尘）时，就会使皮肤电阻大大降低。

我们日常生活用电电压是 220V，工业生产的动力用电的电压是 380V，这样的电都是非常危险的，用电时要特别注意安全。

第三节　人体触电类型及常见的原因

一、明确人体触电类型

人体触电是指人体某些部位接触带电物体，人体与带电体或与大地之间形成电流通路，并有电流流经人体的过程。根据人体接触带电体的具体情况，可分为 3 种触电类型，分别称为单相触电、两相触电、跨步电压触电。

1. 单相触电

单相触电指人站在地面上，身体的某一部位触及一相带电体，电流通过人体流入大地的触电方式。它的危险程度与电压的高低、电网的中性点是否接地、每相对地电容量的大小有关，是较常见的一种触电事故。如图 1 – 1 所示。

2. 两相触电

两相触电指人体两个不同部位同时触碰到同一电源的两相带电体，电流经人体从一相流入另一相的触电方式。如图 1 – 2

图1-1　单相触电

所示。

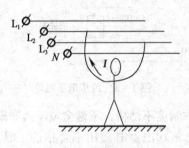

图1-2　两相触电

3. 跨步电压触电

跨步电压触电指人进入发生接地的高电压散流场所时,因两脚所处的电位不同产生电位差,使电流从一脚流经人体后,从另一脚流出的触点方式。如图1-3所示。

二、明确人体触电常见原因

在电气操作和日常用电中,因为场所、条件的不同,发生触电的原因多种多样。根据生产和生活中发生触电的原因可归纳为四种类型。

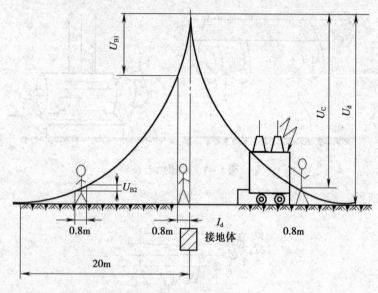

图 1－3　跨步电压触电

1. 电气操作制度不严格、不健全或不遵守规章制度

（1）检修电路和电器时使用不合格的工具，没有切实的安保措施。

（2）停电检修时在电源分断处不挂"有人操作，禁止合闸"之类的警告牌。

（3）救护他人触电时，自己不采取切实的保护措施。

2. 用电设备不合要求

电器内部绝缘损坏，金属外壳又没有采用保护接地或保护接零措施。人体经常接触的电器如开关、灯具、移动式电器外壳破损，失去保护作用。

3. 用电不谨慎

（1）违反电气安全规程，随意拉接电线。

（2）随意加大熔断器熔丝规格或用其他金属丝代替原配套熔丝。

（3）未切断电源就移动电器。

（4）做清洁时用湿毛巾擦拭，甚至用水冲洗电器和线路等。

4. 线路敷设不合规格

室内外导线对地、对建筑物的距离以及导线之间的距离小于允许值，一旦导线受到风吹或其他机械力，可能使相线碰触人体或墙体，导致触电。

第四节　预防触电的保护措施

一、间距措施

为了操作和维修人员工作的安全方便，带电体与地之间、带电体与带电体之间、带电体与其他设备之间，均应保持一定的安全距离，叫做间距措施。

二、绝缘措施

用绝缘材料将电器或线路的带电部分保护起来的做法叫绝缘措施。

三、屏护措施

用屏护装置将带电体与外界隔离，以杜绝隐患发生的措施称为屏护措施。

四、自动断电措施

在电气设备的控制电路上设置如漏电保护、过流保护、短路或过载保护、欠压保护等装置，设备或线路异常时装置会动作，自动切断电路而起保护作用。

五、保护接地措施

以保护人身安全为目的，把电气设备不带电的金属外壳接地，叫做保护接地。

（1）保护接地应用于中性点不接地的配电系统中。

（2）在中性点不接地的三相电源系统中，当接到这个系统上的某个电气设备因绝缘损坏而使外壳带电时，如果人站在地上用手触及外壳，由于输电线与地之间有分布电容存在，将有电流通过人体及分布电容回到电源，使人触电。图 1 - 4 和图 1 - 5 分别为没有保护接地的电动机和有保护接地的电动机漏电情况。

（3）接地体电阻要小于 4Ω。

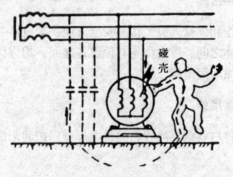

图 1 - 4　没有保护接地的电动机漏电情况

六、保护接零措施

保护接零适用于 380V/220V 的三相四线制中性点接地的供用电系统，它与保护接地的区别是，电气设备的金属外壳不直接接地，而是与供用电系统（即三相四线制系统）的中性线相接。图 1 - 6 为保护接零装置。当电气设备绝缘损坏，金属外壳带电

三相电源

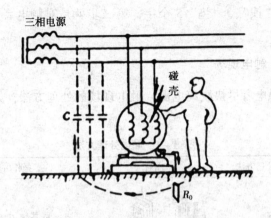

图 1-5　有保护接地的电动机漏电情况

时，由于保护接零的导线电阻很小，相当于对中性线短路，这种很大的短路电流将使线路的保护装置迅速动作，切断电路，既保护了人身安全，又保护了设备安全。

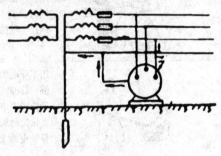

图 1-6　保护接零

第五节　触电的现场处理措施

　　发现有人触电，最关键、最首要的措施是使触电者尽快脱离电源，使触电者脱离电源的方法归纳起来有"拉"、"切"、

"挑"、"拽"、"垫" 5 个字。第二步就是对触电者进行现场救护。

一、触电现场

使触电者尽快脱离电源,触电现场的处理方法,如表 1 - 1 所示。

表 1 - 1　触电处理方法

触电现场处理方法	图解	操作方法
拉闸 立即切断电源		迅速拉开闸刀或拔去电源插头
拉离 让触电者脱离电源		用手拉触电者的干燥衣服,同时注意自己的安全(可踩在干燥的木板上)
挑开 用绝缘棒拨开触电者身上的电线		用不导电的物体如干燥的木棍、竹棒或干布等物使伤员尽快脱离电源,急救者切勿直接接触触电伤员,防止自身触电而影响抢救工作的进行
断线断电		用绝缘工具剪断电线。用刀、斧、锄等带绝缘柄的工具或硬棒,从电源的来电方向将电线砍断或撬断,切断电线时注意人体切不可接触电线裸露部分和触电者

二、初步判断触电者的受伤程度

触电者脱离电源后，迅速将其安放在通风、凉爽、明亮的地方，让其仰卧，松开衣服及裤带，观察其被电流伤害的情况，根据不同症状采用不同的救治方法。观察触电者受伤症状主要看：呼吸是否存在，脉搏是否跳动，瞳孔是否放大。

三、触电急救

根据触电者的不同症状，可选用口对口人工呼吸法、胸外心脏按压法，甚至两者并用。

触电急救方法，如表 1–2 所示。

表 1–2　触电急救方法

方法	适用范围	步骤	图解动作要点
口对口呼吸法	呼吸微弱甚至停止但心跳尚存	1. 预备：撬开牙关，清除口腔内的杂物和假牙，如果舌头后缩应拉出舌头，使头部尽量后仰 2. 吹气：一手捏住鼻孔，以防气流从鼻孔漏出。使头部尽量后仰，救护者站在一侧深呼吸后，紧贴触电者口部，大力吹气，使空气进入肺部，观察其胸部隆起情况 3. 换气：救护者换气时，应放开触电者口部，松开鼻孔，让其自然换气 4. 重复：反复重复 2 和 3 的动作直至触电者呼吸自然恢复	

（续表）

方法	适用范围	步骤	图解动作要点
胸外心脏按压法	心跳微弱不规则或停止	1. 准备：触电者仰卧，救护者跪在其两侧，双手交叠，肘关节伸直，找准压点，掌根按于触电者胸骨以下横向1/2处 2. 下压：靠体重、肩、臂的压力下压胸骨下段，使胸廓下陷3～4cm，让心脏受压，心室的血液被挤出并流至全身各部 3. 放松：双掌突然放松，靠胸廓自身的弹性使胸腔复位，让心脏舒张，在心室形成低压区，全身各部的血液流回心室 4. 重复：重复2、3动作，直至触电者心脏恢复自行跳动	

第二章　电工常用工具及仪表

第一节　常用电工工具

一、螺丝刀

（一）组成、作用及分类

（1）螺丝刀又称螺钉旋具、起子和改锥，由手柄和金属杆组成。

（2）主要作用：紧固、拆卸螺钉。

（3）分类：其式样和规格种类繁多，除了单一功能的外，还有组合式、多用途的，其手柄部分和金属杆刀头可以拆卸组合，附有规格不同的平口和梅花刀头等操作的附件，使用时可根据工作的需要选择附件配上手柄使用。根据金属杆顶端的形状，可以分为平口螺丝刀和梅花螺丝刀，分别又称为一字螺丝刀和十字螺丝刀，如图 2 – 1 所示，手柄根据常用材料可以分为木质手柄和塑料手柄、橡胶手柄等。

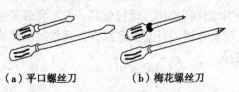

（a）平口螺丝刀　　　　（b）梅花螺丝刀

图 2 – 1　螺丝刀

（二）使用方法和注意事项

1. 使用方法

（1）小型号螺丝刀，可以采用图 2 - 2 中（a）图所示，用食指顶住握柄末端，大拇指和中指夹住握柄旋动使用；对于大型号可以采用图 2 - 2 中（b）图所示，用手掌顶住握柄末端，大拇指、食指和中指夹住握柄旋动；对于较长螺丝刀的使用如图 2 - 2 中（c）图所示，由右手压紧并旋转，左手握住金属杆的中间部分。

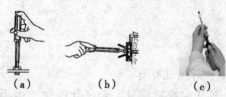

（a）　　　　　（b）　　　　　（c）

图 2 - 2　螺丝刀使用

（2）不管哪种螺丝刀，在使用时，都应当使螺丝刀口端与螺钉的顶槽口垂直吻合，开始拧松或最后拧紧时都要用力将螺丝刀压紧后再用手腕力量拧转螺丝刀。开始拧紧或最后拧松时习惯上用手扶住螺钉或用已磁化的刀口吸住螺钉，防止螺钉掉落。

2. 注意事项

在使用前先擦净螺丝刀柄部和口端的油污，以免工作时滑脱发生意外。选用螺丝刀的刀口与螺钉上的槽口要吻合，防止两者不匹配损坏螺丝刀或螺钉。使用时，不能将螺丝刀当做凿子使用，更不能当做杠杆使用。螺钉旋具一般不允许带电操作。若需带电操作，应将金属刀杆套上绝缘管，操作时应严格遵守带电操作的安全规程。

二、电工刀与钢丝钳

（一）电工刀

1. 电工刀构成与用途

（1）构成。普通的电工刀由刀片、刀刃、刀把、刀挂等构成，如图2-3所示（不用时可以把刀片收缩到刀把内）。

图2-3　电工刀

（2）用途。

①剖削电线绝缘层。

②在施工现场切削圆木与木槽板。

③削制木榫、竹榫。

2. 电工刀使用要点

接线之前导线上的绝缘的剥除可以用电工刀切剥，使用时电工刀剖削电线绝缘层时可把刀略微翘起一些，用刀刃的圆角抵住线芯。切忌把刀刃垂直对着导线切割绝缘层，因为这样容易割伤电线线芯。按照图2-4所示操作。

刀片与导线成45°角切入，触金属芯线后平行前推，到头后，将剩余部分用手向后反掰，用电工刀切断掰过来的绝缘层即可。

3. 电工刀使用注意事项

电工刀的刀刃部分要磨得锋利才好剥削电线，但不可太锋利，太锋利易削伤线芯；太钝，则无法剥削绝缘层。磨刀刃一般采用磨刀石或油磨石，磨好后再把底部磨点倒角，即刃口略微圆

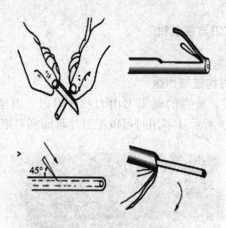

图 2 - 4　电工刀操作

一些。对双芯护套线的外层绝缘的剥削，可以用刀刃对准两芯线的中间部位，把导线一剖为二，先切掉护套层，再剥除绝缘层就行了。

（二）钢丝钳

1. 钢丝钳的构成与用途

（1）构成（图 2 - 5）。

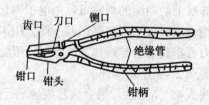

图 2 - 5　钢丝钳的构成

（2）用途。它的主要用途就是夹持元件、剪切金属线、弯折金属线或金属片、开剥绝缘导线的绝缘层等。钳口可以弯折金属导线，齿口可以拧螺钉，刀口可以剪导线或者拉剥导线绝缘层，铡口可以切钢线。

2. 钢丝钳使用要点

钢丝钳的操作步骤和方法，如图2－6所示。用钢丝钳带电作业前，必须检查钢丝钳的钳柄绝缘是否良好。带电剪切导线时，不得同时剪切相线零线。

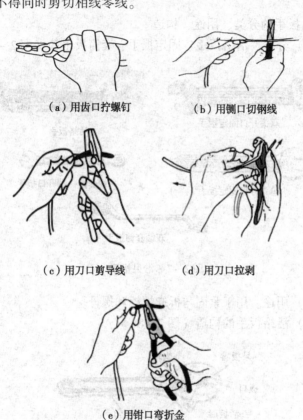

（a）用齿口拧螺钉　　　　（b）用铡口切钢线

（c）用刀口剪导线　　　　（d）用刀口拉剥

（e）用钳口弯折金

图2－6　钢丝钳操作步骤和方法

3. 钢丝钳使用注意

钢丝钳一律不得作敲击硬物用，否则钳头容易断裂，还要注意定期在钳头处加些机油，防止生锈转动不够灵活。

三、扳手

1. 扳手的分类、用途、构造

（1）分类。活络扳手、固定扳手、套筒扳手等（图2-7）。

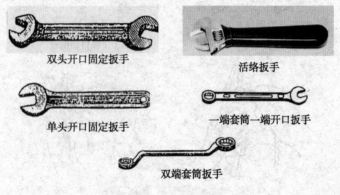

双头开口固定扳手

活络扳手

单头开口固定扳手

一端套筒一端开口扳手

双端套筒扳手

图2-7 常见扳手

（2）用途。用于紧固与拆卸螺栓和螺母。

（3）活络扳手的构造（图2-8）。

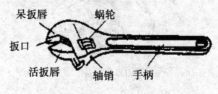

呆扳唇 蜗轮

扳口

活扳唇 轴销 手柄

图2-8 活络扳手

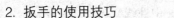

2. 扳手的使用技巧

活络扳手使用时将扳口卡住螺栓或螺母，用手指旋动蜗轮收紧扳口将螺栓或螺母卡紧，再扳动手柄使螺栓或螺母旋动，使之紧固或拆卸。如图2-9所示。

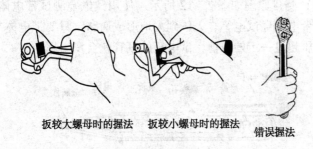

扳较大螺母时的握法　　扳较小螺母时的握法　　错误握法

图2-9　活络扳手使用技巧

3. 注意事项

（1）固定扳手和套筒扳手在紧固和拆卸六角头螺栓和螺母不易损坏螺栓和螺母，而且还能在特殊的位置工作。

（2）不管使用哪种扳手，都要注意使用扳手时不得带电操作。

（3）不得将扳手作撬棒或手锤用。

四、试电笔

1. 试电笔的类型、用途、构造

（1）类型。钢笔式、螺丝刀式、数字显示式等（图2-10）。

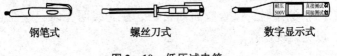

钢笔式　　　　　　螺丝刀式　　　　　数字显示式

图2-10　低压试电笔

（2）用途。专门用来检查低压设备或低压线路是否有电，以及区别火线（相线）与零线（中性线）。

（3）构造。数字显示试电笔在带电体与大地的电压为 2 ~ 500V 时，都能显示其电压值，图 2 – 11 是其结构示意图。

2. 试电笔的测量原理与测量方法及注意事项

（1）测量原理如图 2 – 12 所示。使用试电笔测试带电体时，电流由带电体经试电笔、人体到大地形成通路，只要带电体与大地的电压超过一定的数值，试电笔的氖管就会发出辉光。

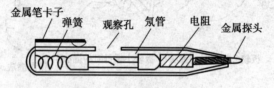

图 2 – 11　数字显示试电笔

图 2 – 12　试电笔的原理

（2）测量方法如图 2 – 13 所示。手指触及笔尾的金属部分，笔尖触及带电体（一相）上。

（3）测量时，氖管应面向自己。在光线明亮时，应注意避光，以免出现误判。

金属笔卡

正确的使用方法　　　　　错误的使用方法

图 2 – 13　试电笔使用方法

五、电烙铁

（一）电烙铁的类型、用途、构造

1. 类型（图 2 –14）

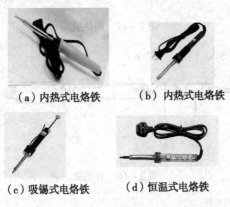

（a）内热式电烙铁　　　（b）内热式电烙铁

（c）吸锡式电烙铁　　（d）恒温式电烙铁

图 2 –14　常见电烙铁

常用的电烙铁有外热式（电热元件在烙铁头的外面）和内热式（电热元件在烙铁头的内部）两种。内热式电烙铁的热效率比外热式的要高（一把 20W 的内热式电烙铁，相当于一把 25～45W 外热式电烙铁）。此外，还有用于拆卸印刷线路板电子元件的吸锡式电烙铁，以及用于焊接加热温度控制较严格的元件的恒温电烙铁。电烙铁常用规格有：15W、25W、45W、75W、100W、300W等。

2. 用途

电烙铁是电子制作和电器维修的必备工具，主要用途是焊接元件及导线。

3. 构造

（1）内热式（图2-15）。

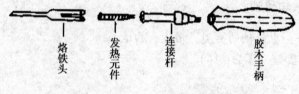

烙铁头　　发热元件　　连接杆　　胶木手柄

图2-15　内热式

（2）外热式（图2-16）。

烙铁头　　传热筒　　加热器　　支架

图2-16　外热式

（二）电烙铁原理

电烙铁是手工焊接的主要工具，所谓焊接是通过加热使铅锡焊料熔化后，借助焊剂的作用，在被焊金属表面形成合金点而达到永久性连接。

（三）电烙铁选择

（1）电烙铁的结构形式和烙铁头的形状。

（2）被焊元器件的热敏特性。

（3）焊料的特性。

（4）操作者使用方便。

例如，焊接印刷电路板上的无线电元件应采用 20～35W 的内热式电烙铁；焊接小线径线头应选择 35～75W 的电烙铁；焊接大线径线头的应选用 100W 以上外热式电烙铁；若是需要拆焊，则可以选择吸锡电烙铁；通常的电工操作中，电机绕组等强电设备元件的焊接常用 45W 以上的电烙铁；电子元件的焊接常用 20W 或 25W 的电烙铁。

（四）电烙铁握法

使用电烙铁时，常根据焊件习惯和可操作的空间位置，选择图 2-17 所示 3 种握法中的一种。图 2-17（a）是反握法，适用于用大功率电烙铁焊接大批焊件时；图 2-17（b）是正握法，适用于弯形烙铁头或较大的电烙铁；图 2-17（c）是握笔法，适用于小功率电烙铁，如在焊接小热量的电子元器件或集成电路等使用。

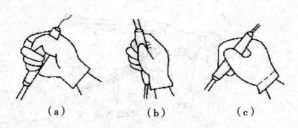

（a）　　　　　（b）　　　　　（c）

图 2-17　3 种握法

（五）手工焊接工艺流程

1. 四步操作法

（1）放电烙铁（加热被焊接件）。

（2）放焊锡丝（融化焊锡丝）。

（3）移焊锡丝。

（4）移电烙铁。

2．焊接要点

（1）焊接前，被焊件清洁，电烙铁头搪锡。

（2）焊接时烙铁头温度要适当，过高、过低均影响焊接质量。

（3）焊接时间：每个焊点以 2～3s 为宜。

（4）注意电烙铁撤离角度。45°方向形成正常焊点，90°方向形成焊点拉尖，0°方向移去大量焊锡。

（5）焊点标准。光亮、均匀、微凹、无缺陷。

六、压线钳与剥线钳

（一）剥线钳

1．构造、用途

（1）构造。剥线钳由刀口、压线口和钳柄组成，如图 2 – 18 所示。

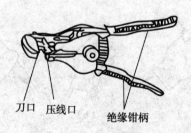

刀口　压线口　　　绝缘钳柄

图 2 – 18　剥线钳结构示意

（2）用途。用于剥除线芯截面为 6mm² 以下塑料或橡胶绝缘导线的绝缘层。（剥线钳的刀口有 0.5～3mm 的多个直径的切口，以适应不同规格的线芯剥削。）

2. 使用方法

使用时，将导线放在大于金属芯线直径的刀口中，紧握一下钳柄，导线绝缘层即被剥出，如图 2 - 19 所示。

图 2 - 19　剥除绝缘层

3. 注意事项

（1）将导线放在大于线芯直径的切口上切削，以免切伤线芯。

（2）剥线钳一般不宜用于带电操作。若不得不带电操作，一定要先认真检查钳柄绝缘套是否良好，操作时不得让钳头接地或造成线路短路。

（二）压线钳

（1）用途。压线钳又常常被称为压接钳，是连接导线与导线或导线线头与接线耳的常用工具。

（2）类别。按用途分为户内线路使用的铝绞线压线钳、户外线路使用的铝绞线压线钳和钢芯铝绞线使用的压线钳。

（3）工作方式。压线钳工作方式，如图 2 - 20 所示。将待接线头放入接线耳中，将接线耳放入压接钳头中，紧握钳柄就可以。

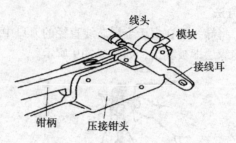

图 2 - 20　压线钳压线示意

七、绝缘手套与绝缘靴（鞋）

（一）绝缘手套

（1）完整的绝缘手套包含绝缘手套、皮革保护手套、内衬线手套，如图 2 - 21 所示。

图 2 - 21　绝缘手套

①绝缘手套是带电作业人员最重要人身防护用具，只要接触带电体，均须戴好绝缘手套后作业。绝缘手套应具备高性能的电气绝缘强度和机械强度及良好弹性和耐久性。

②柔软的皮革保护手套只作为绝缘手套的机械保护，防止手被割伤、撕裂、刺穿，不可单独使用。

③内衬线手套用于冬季防寒，增加舒适度，夏季吸汗。

（2）作用。电工作业的绝缘防护。适用于电力行业，汽车和机械维修，化工行业，精密安装等。

（二）绝缘靴（鞋）

（1）绝缘靴（鞋）主要用来防止跨步触电，对于漏电和接触电源也有一定的保护作用，如图 2 - 22 所示。

（2）注意事项。绝缘靴（鞋）、绝缘手套应放在干燥阴凉的地方，防酸、防碱、防油。不论是绝缘手套还是绝缘靴，都应该经常检查，至少半年一次，一旦损坏，决不能再用，以免触电。

图 2 - 22 绝缘鞋

八、冲击钻

1. 组成和作用

冲击钻主要是在设备安装中作钻孔用。冲击钻装上冲击钻头，可在砖、石、混凝土等类材料上进行钻孔，若装上普通钻头，通过转换开关可作为手电钻使用，常见冲击钻，如图 2 - 23 所示。使用交流 220V 的单相电源或者交流 380V 三相电源。

2. 正确的使用方法

（1）操作前必须查看电源是否与电动工具上的常规额定 220V 电压相符，以免错接到 380V 的电源上。

（2）使用冲击钻前请仔细检查机体绝缘防护、辅助手柄及深度尺调节等情况，机器有无螺丝松动现象。

（3）冲击钻必须按材料要求装入 $\phi 6 \sim 25mm$ 允许范围的合金钢冲击钻头或打孔通用钻头。严禁使用超越范围的钻头。

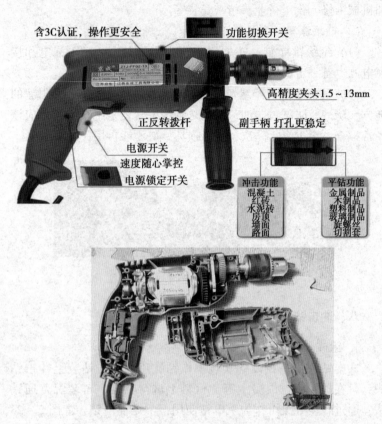

图 2-23 冲击钻

（4）冲击钻导线要保护好，严禁满地乱拖防止轧坏、割破，更不准把电线拖到油水中，防止油水腐蚀电线。

（5）使用冲击钻的电源插座必须配备漏电开关装置，并检查电源线有无破损现象，使用当中发现冲击钻漏电、震动异常、高热或者有异声时，应立即停止工作，找电工及时修理。

（6）冲击钻更换钻头时，应用专用扳手及钻头锁紧钥匙，杜绝使用非专用工具敲打冲击钻。

（7）使用冲击钻时切记不可用力过猛或出现歪斜操作，事前务必装紧合适钻头并调节好冲击钻深度尺，垂直、平衡操作时要徐徐均匀的用力，不可强行使用超大钻头。

（8）熟练掌握和操作顺逆转向控制机构、松紧螺丝等功能。

3. 操作规程

（1）工作时要全神贯注，要保持头脑清醒，严禁酒后或服用药物之后操作机器。

（2）冲击外壳必须有接地线或接中性线保护。

（3）电钻导线要完好，严禁乱拖，防止轧坏、割破。严禁把电线拖置油水中。

（4）检查其绝缘是否完好，开关是否灵敏可靠。

（5）装夹钻头用力适当，使用前应空转几分钟、待转动正常后方可使用。

（6）钻孔时应使钻头缓慢接触工件，不得用力过猛（防止折断钻头，烧坏电机）。

（7）注意工作时的站立姿势，不可掉以轻心。

（8）操作机器时要确保立足稳固，并要随时保持平衡。

（9）在干燥处使用电钻，严禁带手套及袖口不扣操作电动工具。

（10）使用中如发现电钻漏电、震动、高温、过热时，应立即停机，待冷却后再使用。

（11）电钻未完全停止转动时，不能卸、换钻头。

（12）停电、休息或离开工作地时，应立即切断电源。

（13）如用力压电钻时，必须使电钻垂直，而且固定端要牢固可靠。

（14）中途更换新钻头，沿原孔洞进行钻孔时，不要突然用力。

（15）使用冲击钻如在潮湿地方工作时，必须站在绝缘垫或干燥的木板上进行。

（16）穿好合适的工作服，不可穿过于宽松的工作服，更不要戴首饰或留长发。

（17）不许随便乱放。工作完毕时，应将电钻及绝缘用品一并放到指定地方。

第二节　常用电工仪表的使用

一、万用表

（一）万用表的面板

1. 分类

万用表种类繁多，按显示方式分：指针式和数字式两种。

2. 用途

万用表是电工电子技术中常用仪表，是一种多功能、多量程的测量仪表，基本功能：测电阻、直流电流、交直流电压，有的万用表可测电路的通断、晶体管电流放大倍数、电容容值等。

3. 组成

指针式万用表主要有表头、测量电路和转换开关 3 部分组成；数字式万用表主要有数字式电压基本表、测量电路和转换开关组成。如图 2 - 24 为 MF47 万用表的表面布置及旋钮。

4. 旋钮作用

（1）机械调零旋钮用于测电流、电压时指针是否指在 0 位（在左），如不在，用一字螺丝刀调整，使之归机械零。

（2）欧姆调零旋钮用于电阻测量时，两表笔短接看看指针是否指欧姆零（在右），如不在，调此钮即可。

（3）转换开关用于调整测量项目及量程。

图 2-24 MF47 万用表的表面布置及旋钮作用

（二）万用表电阻挡测量电阻类读数

1. 指针式万用表欧姆挡的使用

（1）使用前机械调零。看看表针是否指在欧姆刻度尺的"∞"处，如不在，调机械调零旋钮。

（2）表笔。红表笔插入"＋"孔，黑表笔插入"＊"孔或"－"孔。

（3）转换开关。拨至Ω挡 R×100 或 R×1K 挡。

（4）欧姆调零。红黑表笔短接，如不在"0"处，调欧姆调零旋钮使指针为欧姆"0"。注意：每更换欧姆量程必须重新欧姆调零。

2. 指针式万用表量程的选择

欧姆刻度尺特点。不均匀，左密右疏，中间最准；因此，实际测量时指针指在全刻度的起始20%～80%较为准确。

例如，（图2-25），被测电阻阻值在2~50Ω，应选择R×1挡，若指针指在15，就是15Ω；若被测电阻阻值在150Ω，应选择R×10挡，指针也落在15位置上。

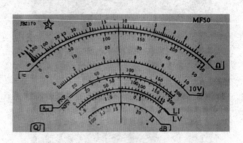

图2-25　被测电阻

3. 指针式万用表测电阻的方式

如图2-26所示。

（a）正确握法　　（b）错误握法

图2-26　指针式万用表测电阻的方式

4. 指针式万用表测电阻读数方法

读数 = 指示数 × 倍率数

例如，转换开关转至图2-27（a）位置，指针指示如图2-27（b），根据读数 = 指示数 × 倍率数，可推出：读数 = 指示值28Ω × 倍率10K = 280KΩ。

（三）万用表交直流挡读数方法

1. 指针式万用表的交直流挡的选用

（1）交直流刻度尺。刻度均匀，右边最准（最大刻度）

（a）

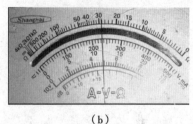

（b）

图 2－27　指针式万用表测电阻读数方法

（2）选择挡位和量程的基本原则。安全、准确。

①量程必须大于实际测量值（安全）。

②量程接近于被测值（准确）。

因此，选择量程应使指针偏转在标尺 2/3 处左右为宜。

图 2－28（a）所示指针偏转太小说明量程选择过大，不准确，应选择量程小些；图 2－28（c）所示指针偏转太大说明量程选择过小会损坏仪表，不安全，应选择量程大些；图 2－28（b）所示指针偏转在中央位置，说明量程选择合适，读数既准确又安全。

2. 指针式万用表的交直流挡的读数方法

（1）指针式万用表交直流挡读数的基本原则。

①交流标尺刻度均匀（每一刻度代表测量值相同）。

②正确选取方便快捷的读数方法。

（2）读数方法。直接读数法、倍率读数法、换算读数法。

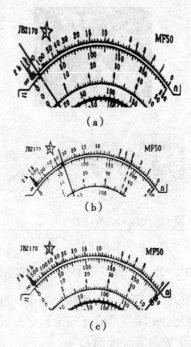

图 2 – 28 万用表交直流挡读数方法

①直接读数法：当选用量程正好与标尺满刻度吻合时，指针指示的读数就是测量值。例如测直流电压，选用 50V 的量程，指针如图 2 – 29 图。如图观察可知，指针停在"0 至 50"刻度数的 31 处，因而测量值为直流电压 31V。

②倍率读数法：当选用的量程与标尺中任意刻度数中的满刻度值成倍率关系时，指针的指示值乘上倍率，才是实际的测量结果。例如，测量直流电压用 1kV 量程，指针偏转如图 2 – 29 时。可知，读数选用"0 ~ 50"标尺刻度，1kV 量程正好是"0 ~ 50"标尺刻度的满刻度值的 20 倍，所以，实际值是 $31V \times 20 = 620V$。

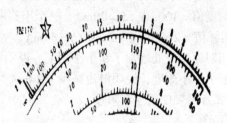

图 2 - 29 万用表交直流挡读数方法

③换算读数法：换算读数法不借用标尺上已有刻度数来读数，而是直接利用交直流标尺刻度均匀的特点，把量程用大小刻度均匀后，求出大小刻度代表的数值，指针指示了多少刻度，再对刻度值累计求和，就可得到实际测量值。

具体如下：大刻度值 = 量程/5 个大刻度；小刻度值 = 大刻度值/10 个小刻度。

由指针所示先数出有几个大刻度线（如 m 个），再数出指针所在位置与指针之前的第一条大刻度线之间有几个小刻度线（如 n 个）。

利用下列公式计算：测量值 = $m \times$ 大刻度值 + $n \times$ 小刻度值。如图 2 - 30 所示。

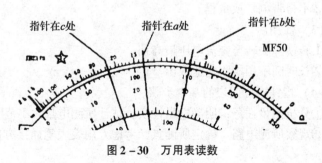

图 2 - 30 万用表读数

量程选用 100mA，指针 a 所示的读数过程如下：

一个大刻度值 = 100mA ÷ 5 = 20mA；一个小刻度值 = 20mA ÷ 10 = 2mA；实际值 = 2 × 20mA + 2 × 2mA = 44mA。

则 b 处相对原来 a 处增加了 9 个小刻度，说明增加了 18mA；而 c 处减少了 7 个小刻度，说明电流减少了 14mA。

3. 指针式万用表使用注意事项

（1）使用前。

①机械调零（使用小螺丝调表头下方的机械调零螺钉使指针处于交直流标尺的"0"刻度线上）。

②表笔插入正确插孔（一般：红："+"孔或"V/mA/Ω"孔，黑："-"孔或"com"孔）。

③转换开关。转至正确挡位和合适量程（遵循安全、准确原则）。

④电阻类应欧姆调零（红黑表笔短接后，调整欧姆调零旋钮使指针指在欧姆刻度尺"0"处），注意：每改变欧姆量程需重新欧姆调零。

（2）使用中。

①每次测量前观察所选挡位和量程与所测对象是否相符，以免损坏仪表。

②不得带电转换量程。

（3）使用后。

①转换开关转至交流电压最高档。

②长时间不用应将电池取出。

（4）指针式万用表的基本步骤。

①分析测量任务，明确电量性质，估计所测电量大小范围。

②观察所测电路，确定所测点，考虑万用表表笔插接方向和位置。

③正确选择挡位和量程。

④万用表表笔正确连接。

⑤指针稳定后读数，记录数据带单位。

⑥测量完毕做好设备清理工作。

二、单相电度表

（一）单相电度表的结构、原理与选择

电度表是用来测量某一段时间内用电负载消耗电能多少的仪表。常用电度表，如图2-31所示。

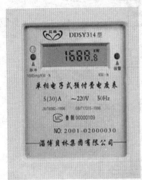

图2-31　常用电度表

1. 单相电度表的结构示意图（图2－32）

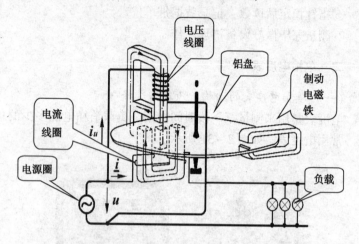

图2－32　单相电度表的结构示意图

2. 单相电度表的原理示意图（图2－33）

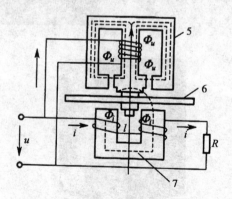

图2－33　单相电度表的原理示意图

3. 单相电度表的选择

（1）根据供电电路或负载用电的情况，选择电度表的类型。如：单相照明负载使用单相电度表，工矿企业动力电路使用三相电度表。

（2）根据电路负载的最大电流和额定电压、准确度来选择电度表的型号和规格。如电度表的额定电压要与电路负载电压匹配，电度表的额定电流应不小于负载的最大电流的 4 倍。

（二）检测单相电度表的端子

1. 检测步骤

（1）指针式万用表打至 R×100 挡，并欧姆调零。

（2）将两表笔接触电度表 1、2 接线柱，阻值较小（接近于 0）则 1、3 是进线端，电能表为跳入式接线，如图 2-34（a）；若阻值较大（约 1 000Ω）则 1、2 是进线柱是进线端，电能表为顺入式接线，如图 2-34（b）所示。

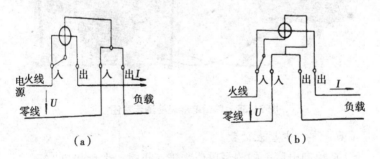

（a）　　　　　　　　　　　　　　（b）

图 2-34　检测单相电度表的端子

2. 单相电度表检测示意图 ［图 2-35（a）和图 2-35（b）］

（三）单相电度表的接线

如图 2-36 所示，1、3 进（电源），2、4 出（负载），1、2 是火线，3、4 是零线。

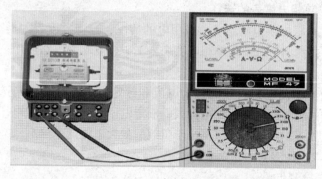

（a）

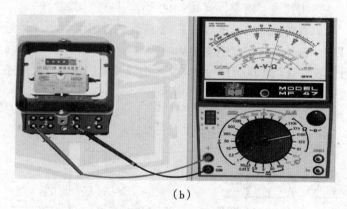

（b）

图 2 – 35 单相电度表检测示意图

（四）单相电度表读数

（1）单向电度表的测量单位为千瓦小时，俗称"度"。

（2）单向电度表的读数可从计数器上直接读取。

（3）电度表的两次抄表的差值为这期间负载电器所消耗的电能；如有的电度表读数乘上倍率之后才是实际消耗电能数（因为采用了互感器来扩大电度表的量程）。

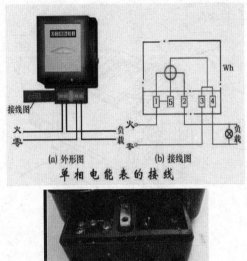

图 2 – 36　单相电度表的接线

三、兆欧表

兆欧表俗称摇表，测量各种电器及供电线路的绝缘电阻，以保证正常运行和安全用电。

（一）兆欧表结构、原理、选择

1. 结构（图 2 –37）

兆欧表有 3 个接线端，L 端接被测设备的待测部分；E 端接外壳或接地；G 端用于消除表面漏电的影响。

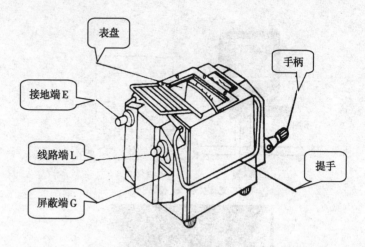

图 2-37　兆欧表结构

2. 原理简图（图 2-38）

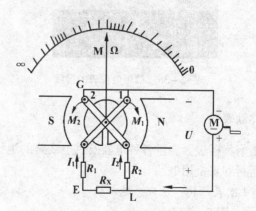

图 2-38　兆欧表原理简图

3. 兆欧表选择

兆欧表的选用主要考虑他的输出电压和测量范围，相应取决于被测设备的额定电压和绝缘要求。选择方法参照下表。

表 兆欧表的选择方法

被测对象	额定电压	所选摇表的电压	绝缘要求	范围
低压电器	<500V	500V~1 000V	相对较小	0~500MΩ
高压电器	>500V	1 000V~2 500V	相对较大	0~2 500MΩ

(二) 兆欧表使用要点

1. 测量前准备

兆欧表性能检查。将兆欧表水平放稳，将 L、E 两输出线断开，摇动兆欧表手柄，指针应指到∞处，将 L、E 两接线桩输出线瞬时短接，指针应迅速指零。

2. 电路无电状态检查

(1) 检查被测电气设备和电路，看是否已全部切断电源，绝对不允许带电检测。

(2) 检查被测线路与设备中的储能元件是否已接地、短路放电。

3. 兆欧表接线

(1) 一般情况下，被测电阻接在 L 和 E 之间。

(2) 当被测电阻本身不干净或潮湿的情况下，要使用屏蔽接线柱 G。

(3) 兆欧表与被测设备间用单股导线连接，不得使用双股线或绞合线。

4. 读数操作

(1) 匀速摇动手摇发电机，一般规定 120r/min，允许有±20%的变化，大约1min，待指针稳定后再读数。

（2）遇到含有大容量电容器的被测电路，应持续摇动一段时间，待电容器充电完毕，指针稳定后再读。

（3）摇动中，若出现指针指"0"，说明被测对象有短路现象，应立即停止摇动，防止过电流烧坏流比计线圈。

5. 测量完毕

测量完毕，应先对被测设备放电，再拆除兆欧表的接线。

四、钳形电流表

钳形电流表：测量较大交流电流的仪表，可不在切断被测电路的情况下进行测量，使用灵活方便，但测试精度较低。

1. 钳形电流表结构（图2-39）

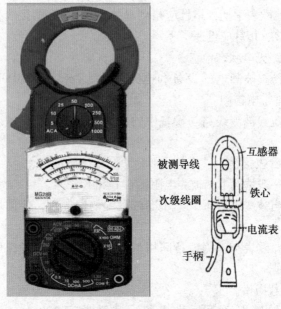

图2-39 钳形电流表结构

2. 钳形电流表原理简图（图2-40）

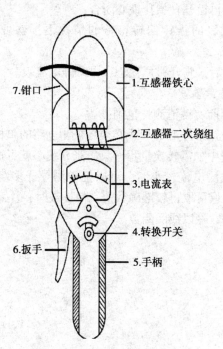

7.钳口
1.互感器铁心
2.互感器二次绕组
3.电流表
4.转换开关
6.扳手
5.手柄

图2-40　钳形电流表原理简图

3. 钳形电流表用法要点

（1）正确握法。右手食指按动扳手，控制铁心的闭合与张开，其余四指紧靠钳形电流表的外壳，使表置于右手掌心处，牢牢握紧，不松开。

（2）基本用法。

①测前，了解被测电路的电气特点，并实际观察被测电路的整体组成，一定注意安全；

②根据实际的测量任务，正确选择挡位。同时，分析电路的电气特点，合理选择量程，同万用表使用方法；

③找准测量处，右手紧握电流表，张开铁心让电路的单根导线从中穿过，再松开食指让铁心闭合；

④在电流表的指针偏转正常的情况下，就可以读取测量结果；

⑤测量完后，张开钳形铁心，再拿开电流表。

4. 使用注意事项

（1）使用前，搞清测量范围。

（2）穿过钳形铁心的导线必须是被测电路的单根导线。

（3）测量中如需转换量程，只需张开铁心就可进行。

（4）如被测电流较小时，可以把被测导线多绕几圈后套入铁心再进行测量可取得较准确数值，但读数时，注意被测电流值实为电流表读数除以线圈圈数。

第三章 导线的连接与绝缘恢复

第一节 绝缘材料的选择与使用

一、常用绝缘材料

电阻系数大于 10 的 9 次方的材料在电工技术上叫做绝缘材料。他的作用是在电气设备中把电位不同的带点部分隔离开来。因此，绝缘材料应具有良好的介电性能，即具有较高的绝缘电阻和耐压强度，并能避免发生漏电、爬电或击穿等事故；其次耐热性能要好，其中，尤其以不因长期受热作用（热老化）而产生性能变化最为重要；此外，还有良好的导热性、耐潮和有较高的机械强度以及工艺加工方便等。

二、绝缘材料的分类和性能指标

1. 分类

电工常用的绝缘材料按其化学性质不同，可分为无机具有材料、有机绝缘材料和混合绝缘材料。

（1）无机绝缘材料。有云母、石棉、大理石、瓷器、玻璃、硫黄等，主要做电机、电气的绕组绝缘、开关的底板和绝缘子等。

（2）有机绝缘材料。有虫胶、树脂、橡胶、棉纱、纸、麻、蚕丝、人造丝，大多用于制造绝缘漆、绕组导线的被覆绝缘物等。

(3) 混合绝缘材料。由以上2种材料加工制成的各种成型绝缘材料，用做电器的底座、外壳等。

2. 性能指标

电工常用的绝缘材料的性能指标如绝缘强度、抗张强度、比重、膨胀系数等。

(1) 耐压强度。绝缘物质在电场中，当电场强度增大到某一极限时，就会击穿。这个绝缘击穿的电场强度称为绝缘耐压强度（又称介电强度或绝缘强度），通常以1mm厚的绝缘材料所能承受的电压 kV 值表示。

(2) 抗张强度。绝缘材料每单位截面积能承受的拉力，例如，玻璃每平方厘米截面积能承受 140kg。

(3) 密度。绝缘材料每立方米体积的质量，例如硫黄每立方米体积有 2g。

(4) 膨胀系数。绝缘体受热以后体积增大的程度。

3. 绝缘材料的耐热等级

(1) Y 级。绝缘材料：木材、棉花、纤维等天然的纺织品，以醋酸纤维和聚酰胺为基础的纺织品，以及易于分解和熔化点较低的塑料。极限工作温度：90℃。

(2) A 级。绝缘材料：工作于矿物油中的和用油或油树脂复合胶浸过的 Y 级材料，漆包线、漆布、漆丝的绝缘及油性漆。沥青漆等。极限工作温度：105℃。

(3) E 级。绝缘材料：聚酯薄膜和 A 级材料复合、玻璃布、油性树脂漆、聚乙烯醇缩醛高强度漆包线、乙酸乙烯耐热漆包线。极限工作温度：120℃。

(4) B 级。绝缘材料：聚酯薄膜、经合适树脂粘合式浸渍复合的云母、玻璃纤维、石棉等，聚酯漆、聚酯漆包线。极限工作温度：130℃。

（5）F 级。绝缘材料：以有机纤维材料补强的云母制品，玻璃丝和石棉，玻璃棉布，以玻璃丝布和石棉纤维为基础的层压制品以无机材料作为补强和石带补强的云母粉制品化学热稳定性较好的聚酯或醇酸类材料，复合硅有机聚酯漆。极限工作温度：155℃。

（6）H 级。绝缘材料：无补强或以无机材料为补强的云母制品、加厚的 F 级材料、复合云母、有机硅云母制品、硅有机漆硅有机橡胶聚酰亚胺复合玻璃布、复合薄膜、聚酰亚胺漆等。极限工作温度：180℃。

（7）G 级。绝缘材料：不采用任何有机黏和剂级浸剂的无机物，如石英、石棉、云母、玻璃和电瓷材料等。极限工作温度：180℃以上。

三、常用 500V 以下配电、动力与照明绝缘导线

常用的电线与电缆分为裸线、电磁线、绝缘电线、电缆和通信电缆等。根据所使用的材质可分为铜导线和铝导线。以下我们说说低压绝缘导线。

常用的绝缘导线有：聚氯乙烯绝缘导线、丁腈聚氯乙烯复合物绝缘软导线和氯丁橡皮线。常用的是聚氯乙烯绝缘导线和橡皮绝缘导线。

1. 常用的是聚氯乙烯绝缘导线和橡皮绝缘导线

聚氯乙烯绝缘导线有：BV、BLV、BVR。

橡皮绝缘导线有：BX、BLX、BXH、BXS。

B—布线（例如，作室内电力线，把它钉布在墙上）。

V—聚氯乙烯塑料护套（一个 V 代表一层绝缘两 V 代表双层绝缘）。

L—铝线。

无 L—铜线。

R—软线。

S—双芯。

X—橡胶皮。

H—花线。

BV—铜芯塑料硬线。

BLV—铝芯塑料硬线。

BVR—铜芯塑料软线。

BX—铜芯橡皮线。

BXR—铜芯橡皮软线。

BXS—铜芯双芯橡皮线。

BXH—铜芯橡皮花线。

BXG—铜芯穿管橡皮线。

BLX—铝芯橡皮线。

BLXG—铝芯穿管橡皮线。

2. 常用绝缘导线的安全载流量

常用绝缘导线的安全载流量，如下表所示。

表　常用绝缘导线的安全载流量

导线的种类及标称截面积	安全载流量（A）	允许接用负荷（220V W）
2.5 平方铝线	12A	2 400W
4.0 平方铝线	19A	3 800W
6.0 平方铝线	27A	5 400W
10 平方铝线	46A	9 200W
1.0 平方铜线	6A	1 200W
1.5 平方铜线	10A	2 000W
2.0 平方铜线	12.5A	2 500W
2.5 平方铜线	15A	3 000W
4.0 平方铜线	25A	7 000W
6.0 平方铜线	35A	10 740W

（续表）

导线的种类及标称截面积	安全载流量（A）	允许接用负荷（220V W）
9.0 平方铜线	54A	12 000W
10 平方铜线	60A	13 500W
0.41 平方软铜线	2A	400W
0.67 平方软铜线	3A	600W
1.16 平方软铜线	5A	1 000W
2.03 平方软铜线	10A	2 000W

第二节　导线的连接

一、导线连接的基本要求

导线连接是电工作业的一项基本工序，也是一项十分重要的工序。导线连接的质量直接关系到整个线路能否安全可靠地长期运行。对导线连接的基本要求是：连接牢固可靠、接头电阻小、机械强度高、耐腐蚀耐氧化、电气绝缘性能好。

二、常用连接方法

需连接的导线种类和连接形式不同，其连接的方法也不同。常用的连接方法有绞合连接、紧压连接、焊接等。连接前应小心地剥除导线连接部位的绝缘层，注意不可损伤其芯线。

1. 绞合连接

绞合连接是指将需连接导线的芯线直接紧密绞合在一起。铜导线常用绞合连接。

（1）单股铜导线的直接连接。小截面单股铜导线连接方法，如图 3 - 1 所示。先将两导线的芯线线头作 X 形交叉，再将它们相互缠绕 2～3 圈后扳直两线头，然后将每个线头在另一芯线上紧贴密绕 5～6 圈后剪去多余线头即可。

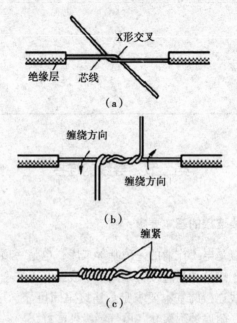

（a）

（b）

（c）

图 3－1　小截面单股铜导线连接方法

　　大截面单股铜导线连接方法，如图 3－2 所示。先在两导线的芯线重叠处填入一根相同直径的芯线，再用一根截面约 1.5mm^2 的裸铜线在其上紧密缠绕，缠绕长度为导线直径的 10 倍左右，然后将被连接导线的芯线线头分别折回，再将两端的缠绕裸铜线继续缠绕 5～6 圈后剪去多余线头即可。

　　不同截面单股铜导线连接方法，如图 3－3 所示。先将细导线的芯线在粗导线的芯线上紧密缠绕 5～6 圈，然后将粗导线芯线的线头折回紧压在缠绕层上，再用细导线芯线在其上继续缠绕 3～4 圈后剪去多余线头即可。

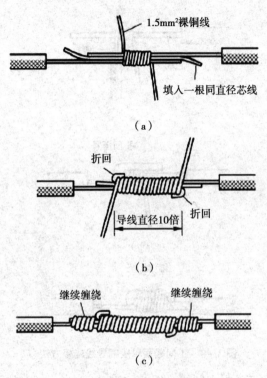

1.5mm²裸铜线

填入一根同直径芯线

（a）

折回

折回

导线直径10倍

（b）

继续缠绕　　　　　　继续缠绕

（c）

图 3 - 2　大截面单股铜导线连接方法

（2）单股铜导线的分支连接。单股铜导线的 T 字分支连接，如图 3 - 4 所示。将支路芯线的线头紧密缠绕在干路芯线上 5 ~ 8 圈后剪去多余线头即可。对于较小截面的芯线，可先将支路芯线的线头在干路芯线上打一个环绕结，再紧密缠绕 5 ~ 8 圈后剪去多余线头即可。

单股铜导线的十字分支连接，如图 3 - 5 所示。将上下支路芯线的线头紧密缠绕在干路芯线上 5 ~ 8 圈后剪去多余线头即可。可以将上下支路芯线的线头向一个方向缠绕 ［图 3 - 5（a）］，也

電 工

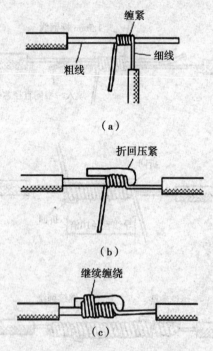

图3-3 不同截面单股铜导线连接方法

可以向左右两个方向缠绕［图3-5（b）］。

（3）多股铜导线的直接连接。多股铜导线的直接连接，如图3-6所示。首先将剥去绝缘层的多股芯线拉直，将其靠近绝缘层的约1/3芯线绞合拧紧，而将其余2/3芯线成伞状散开，另一根需连接的导线芯线也如此处理。接着将两伞状芯线相对着互相插入后捏平芯线，然后将每一边的芯线线头分作3组，先将某一边的第一组线头翘起并紧密缠绕在芯线上，再将第二组线头翘起并紧密缠绕在芯线上，最后将第三组线头翘起并紧密缠绕在芯线上。以同样方法缠绕另一边的线头。

（4）多股铜导线的分支连接。多股铜导线的T字分支连接

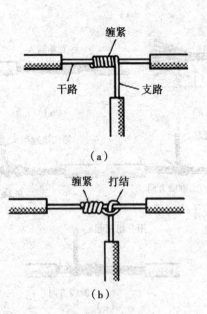

图 3-4 单股铜导线的 T 字分支连接

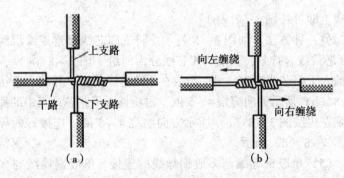

图 3-5 单股铜导线的十字分支连接

有两种方法：一种方法，如图 3-7 所示。将支路芯线 90°折弯后与干路芯线并行 [图 3-7（a）]，然后将线头折回并紧密缠绕在

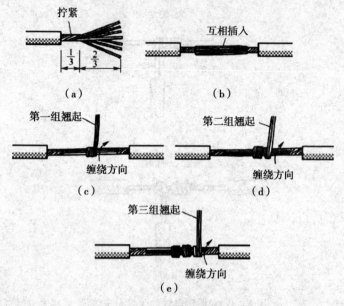

图 3 - 6　多股铜导线的直接连接

芯线上即可 [图 3 - 7 (b)]。

　　另一种方法，如图 3 - 8 所示。将支路芯线靠近绝缘层的约 1/8 芯线绞合拧紧，其余 7/8 芯线分为两组 [图 3 - 8 (a)]，一组插入干路芯线当中，另一组放在干路芯线前面，并朝右边按图 3 - 8 (b) 所示方向缠绕 4 ~ 5 圈。再将插入干路芯线当中的那一组朝左边按图 3 - 8 (c) 所示方向缠绕 4 ~ 5 圈，连接好的导线如图 3 - 8 (d) 所示。

　　(5) 单股铜导线与多股铜导线的连接。单股铜导线与多股铜导线的连接方法，如图 3 - 9 所示，先将多股导线的芯线绞合拧紧成单股状，再将其紧密缠绕在单股导线的芯线上 5 ~ 8 圈，最后将单股芯线线头折回并压紧在缠绕部位即可。

　　(6) 同一方向的导线的连接。当需要连接的导线来自同一

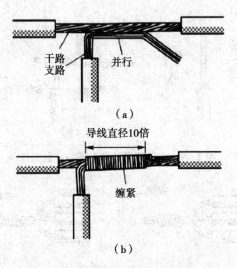

图 3 – 7　多股铜导线的分支连接

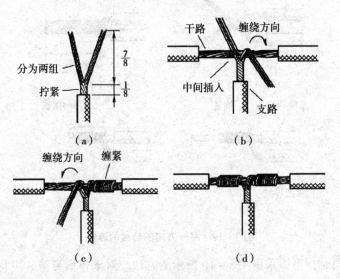

图 3 – 8　多股铜导线的分支连接

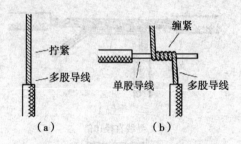

图 3 - 9 单股铜导线与多股铜导线的连接

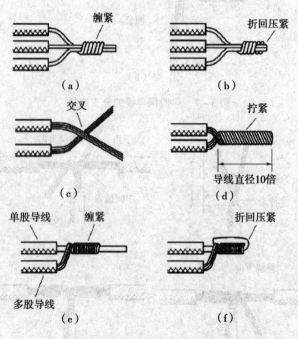

图 3 - 10 同一方向的导线的连接

方向时,可以采用图 3 - 10 所示的方法。对于单股导线,可将一根导线的芯线紧密缠绕在其他导线的芯线上,再将其他芯线的线头折回压紧即可。对于多股导线,可将两根导线的芯线互相交叉，然后绞合拧紧即可。对于单股导线与多股导线的连接，可将多股导线的芯线紧密缠绕在单股导线的芯线上，再将单股芯线的线头折回压紧即可。

（7）双芯或多芯电线电缆的连接。双芯护套线、三芯护套线或电缆、多芯电缆在连接时，应注意尽可能将各芯线的连接点互相错开位置，可以更好地防止线间漏电或短路。图3－11（a）所示为双芯护套线的连接情况，图3－11（b）所示为三芯护套线的连接情况，图3－11（c）所示为四芯电力电缆的连接情况。

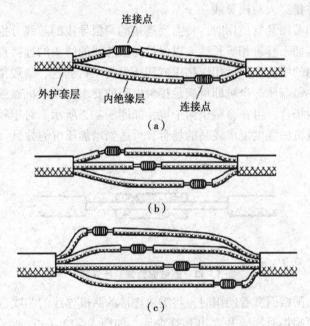

图3－11 双芯或多芯电线电缆的连接

铝导线虽然也可采用绞合连接，但铝芯线的表面极易氧化，日久将造成线路故障，因此，铝导线通常采用紧压连接。

2. 紧压连接

紧压连接是指用铜或铝套管套在被连接的芯线上，再用压接钳或压接模具压紧套管使芯线保持连接。铜导线（一般是较粗的铜导线）和铝导线都可以采用紧压连接，铜导线的连接应采用铜套管，铝导线的连接应采用铝套管。紧压连接前应先清除导线芯线表面和压接套管内壁上的氧化层和黏污物，以确保接触良好。

（1）铜导线或铝导线的紧压连接。压接套管截面有圆形和椭圆形两种。圆截面套管内可以穿入一根导线，椭圆截面套管内可以并排穿入两根导线。

圆截面套管使用时，将需要连接的两根导线的芯线分别从左右两端插入套管相等长度，以保持两根芯线的线头的连接点位于套管内的中间。然后用压接钳或压接模具压紧套管，一般情况下只要在每端压一个坑即可满足接触电阻的要求。在对机械强度有要求的场合，可在每端压两个坑，如图 3-12 所示。对于较粗的导线或机械强度要求较高的场合，可适当增加压坑的数目。

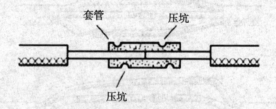

图 3-12 圆截面套管紧压连接

椭圆截面套管使用时，将需要连接的两根导线的芯线分别从左右两端相对插入并穿出套管少许，如图 3-13（a）所示，然后压紧套管即可，如图 3-13（b）所示。椭圆截面套管不仅可用于导线的直线压接，而且可用于同一方向导线的压接，如图 3-13（c）所示；还可用于导线的 T 字分支压接或十字分支压接，如图 3-13（d）和图 3-13（e）所示。

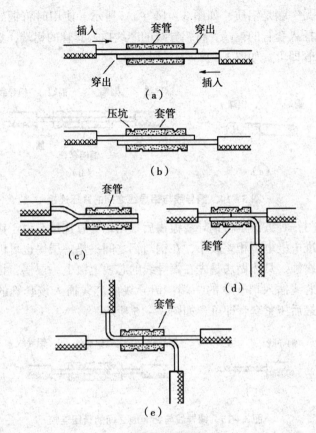

图 3 - 13　椭圆截面套管紧压连接

（2）铜导线与铝导线之间的紧压连接。当需要将铜导线与铝导线进行连接时，必须采取防止电化腐蚀的措施。因为，铜和铝的标准电极电位不一样，如果将铜导线与铝导线直接铰接或压接，在其接触面将发生电化腐蚀，引起接触电阻增大而过热，造成线路故障。常用的防止电化腐蚀的连接方法有两种。

一种方法是采用铜铝连接套管。铜铝连接套管的一端是铜

质, 另一端是铝质, 如图 3 – 14 (a) 所示。使用时将铜导线的
芯线插入套管的铜端, 将铝导线的芯线插入套管的铝端, 然后压
紧套管即可, 如图 3 – 14 (b) 所示。

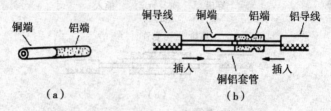

图 3 – 14　铜导线与铝导线之间的紧压连接

　　另一种方法是将铜导线镀锡后采用铝套管连接。由于锡与铝
的标准电极电位相差较小, 在铜与铝之间夹垫一层锡也可以防止
电化腐蚀。具体做法是先在铜导线的芯线上镀上一层锡, 再将镀
锡铜芯线插入铝套管的一端, 铝导线的芯线插入该套管的另一
端, 最后压紧套管即可, 如图 3 – 15 所示。

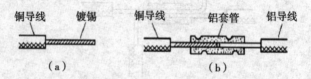

图 3 – 15　铜导线与铝导线之间的紧压连接

　　3. 焊接

　　焊接是指将金属 (焊锡等焊料或导线本身) 熔化融合而使
导线连接。电工技术中导线连接的焊接种类有锡焊、电阻焊、电
弧焊、气焊、钎焊等。

　　(1) 铜导线接头的锡焊。较细的铜导线接头可用大功率
(例如, 150W) 电烙铁进行焊接。焊接前应先清除铜芯线接头部
位的氧化层和黏污物。为增加连接可靠性和机械强度, 可将待连

接的两根芯线先行绞合，再涂上无酸助焊剂，用电烙铁蘸焊锡进行焊接即可，如图 3 - 16 所示。焊接中应使焊锡充分熔融渗入导线接头缝隙中，焊接完成的接点应牢固光滑。

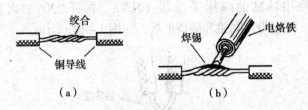

（a）　　　　　　　　　　（b）

图 3 - 16　焊接

　　较粗（一般指截面 16mm^2 以上）的铜导线接头可用浇焊法连接。浇焊前同样应先清除铜芯线接头部位的氧化层和黏污物，涂上无酸助焊剂，并将线头绞合。将焊锡放在化锡锅内加热熔化，当熔化的焊锡表面呈磷黄色说明锡液已达符合要求的高温，即可进行浇焊。浇焊时将导线接头置于化锡锅上方，用耐高温勺子盛上锡液从导线接头上面浇下，如图 3 - 17 所示。刚开始浇焊时因导线接头温度较低，锡液在接头部位不会很好渗入，应反复浇焊，直至完全焊牢为止。浇焊的接头表面也应光洁平滑。

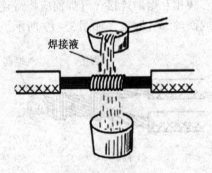

图 3 - 17　浇焊

(2) 铝导线接头的焊接。铝导线接头的焊接一般采用电阻焊或气焊。电阻焊是指用低电压大电流通过铝导线的连接处，利用其接触电阻产生的高温高热将导线的铝芯线熔接在一起。电阻焊应使用特殊的降压变压器（1kVA、初级 220V、次级 6 ~ 12V），配以专用焊钳和碳棒电极，如图 3 - 18 所示。

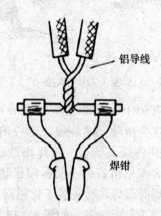

图 3 - 18　铝导线接头焊接

气焊是指利用气焊枪的高温火焰，将铝芯线的连接点加热，使待连接的铝芯线相互熔融连接。气焊前应将待连接的铝芯线绞合，或用铝丝或铁丝绑扎固定，如图 3 - 19 所示。

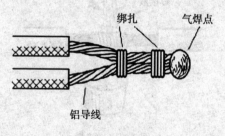

图 3 - 19　气焊

第三节 导线连接处的绝缘处理

为了进行连接，导线连接处的绝缘层已被去除。导线连接完成后，必须对所有绝缘层已被去除的部位进行绝缘处理，以恢复导线的绝缘性能，恢复后的绝缘强度应不低于导线原有的绝缘强度。

导线连接处的绝缘处理通常采用绝缘胶带进行缠裹包扎。一般电工常用的绝缘带有黄蜡带、涤纶薄膜带、黑胶布带、塑料胶带、橡胶胶带等。绝缘胶带的宽度常用 20mm 的，使用较为方便。

1. 一般导线接头的绝缘处理

一字形连接的导线接头可按图 3 – 20 所示进行绝缘处理，先包缠一层黄蜡带，再包缠一层黑胶布带。将黄蜡带从接头左边绝缘完好的绝缘层上开始包缠，包缠两圈后进入剥除了绝缘层的芯线部分 [图 3 – 20 （a）]。包缠时黄蜡带应与导线成55°左右倾斜角，每圈压叠带宽的1/2 [图 3 – 20 （b）]，直至包缠到接头右边两圈距离的完好绝缘层处。然后将黑胶布带接在黄蜡带的尾端，按另一斜叠方向从右向左包缠 [图 3 – 20 （c）、图 3 – 20 （d）]，仍每圈压叠带宽的1/2，直至将黄蜡带完全包缠住。包缠处理中应用力拉紧胶带，注意不可稀疏，更不能露出芯线，以确保绝缘质量和用电安全。对于 220V 线路，也可不用黄蜡带，只用黑胶布带或塑料胶带包缠两层。在潮湿场所应使用聚氯乙烯绝缘胶带或涤纶绝缘胶带。

2. T 字分支接头的绝缘处理

导线分支接头的绝缘处理基本方法同上，T 字分支接头的包缠方向，如图 3 – 21 所示，走一个 T 字形的来回，使每根导线上都包缠两层绝缘胶带，每根导线都应包缠到完好绝缘层的两倍胶

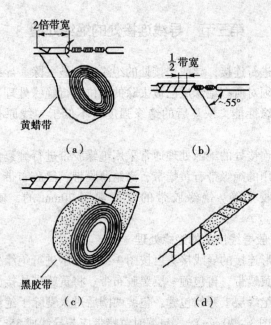

图 3 – 20   一字形连接的导线接头的绝缘处理

带宽度处。

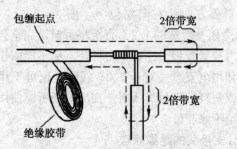

图 3 – 21   T 字分支接头的绝缘处理

3. 十字分支接头的绝缘处理

对导线的十字分支接头进行绝缘处理时，包缠方向，如图
3-22 所示，走一个十字形的来回，使每根导线上都包缠两层绝
缘胶带，每根导线也都应包缠到完好绝缘层的两倍胶带宽度处。

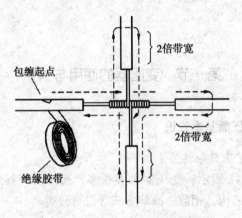

图 3-22　十字分支接头的绝缘处理

第四章 电机与变压器

第一节 变压器的使用与维护

一、变压器基本知识

（一）变压器分类

如图 4 - 1 所示，变压器种类很多，通常可按其用途、绕组结构、铁心结构、相数、冷却方式等进行分类。

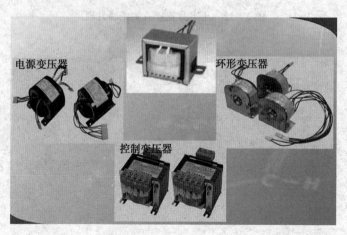

图 4 - 1 变压器种类

1. 按用途分类

（1）电力变压器。用作电能的输送与分配，上面介绍的即属于电力变压器，这是生产数量最多、使用最广泛的变压器。按其功能不同又可分为升压变压器、降压变压器、配电变压器等。电力变压器的容量从几十千伏安到几十万千伏安，电压等级从几百伏到几百千伏。

（2）特种变压器。在特殊场合使用的变压器，如作为焊接电源的电焊变压器；专供大功率电炉使用的电炉变压器；将交流电整流成直流电时使用的整流变压器等。

（3）仪用互感器。用于电工测量中，如电流互感器、电压互感器等。

（4）控制变压器。容量一般比较小，用于小功率电源系统和自动控制系统。如电源变压器、输入变压器、输出变压器、脉冲变压器等。

（5）其他变压器。如试验用的高压变压器；输出电压可调的调压变压器；产生脉冲信号的脉冲变压器等。

（6）按冷却方式分类有干式变压器、油浸自冷变压器、油浸风冷变压器、强迫油循环变压器、充气式变压器等。

2. 按绕组构成分类

有双绕组变压器、三绕组变压器、多绕组变压器和自耦变压器等。

3. 按铁心结构分类

有叠片式铁心、卷制式铁心、非晶合金铁心。

4. 按相数分类

有单相变压器、三相变压器、多相变压器。

（二）变压器的主要参数

为了使变压器安全、经济、合理地运行，同时让用户对变压器的性能有所了解，制造厂家对每一台变压器都安装了一块铭牌，上面标明了变压器型号及各种额定数据，只有理解铭牌上各种数据的含义，才能正确地使用变压器。图 4 - 2 所示为三相变压器的铭牌，将 10kV 的高压降为 400V 的低压，供三相负载使用。铭牌中的主要参数说明如下。

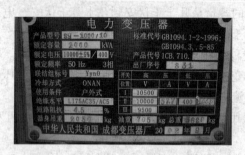

图 4 - 2　变压器铭牌

1. 型号

如图所示为 S9 - 1 000/10，S 表示三相，9 表示设计序列号，1 000表示了变压器的容量（kV·A），10 表示高压侧额定电压（kV）。

2. 额定电压 U_{1N} 和 U_{2N}

高压侧（一次绕组）额定电压 U_{1N} 是指加在一次绕组上的正常工作电压值。它是根据变压器的绝缘强度和允许发热等条件规定的。高压侧标出的 3 个电压值，可以根据高压侧供电电压的实际情况，在额定值的 ±5% 范围内加以选择，当供电电压偏高时可调至 10 500V，偏低时则调至 9 500V，以保证低压侧的额定电压为 400V 左右。

低压侧（二次绕组）额定电压 U_{2N} 是指变压器在空载时，高压侧加上额定电压后，二次绕组两端的电压值。变压器接上负载后，二次绕组的输出电压 U_{2N} 将随负载电流的增加而下降，为保证在额定负载时能输出 380V 的电压，考虑到电压调整率为 5%，故该变压器空载时二次绕组的额定电压 U_{2N} 为 400V。在三相变压器中，额定电压均指线电压。

3. 额定电流 I_{1N} 和 I_{2N}

额定电流是指根据变压器容许发热的条件而规定的满载电流值。在三相变压器中额定电流是指线电流。

4. 额定容量 S_N

额定容量是指变压器在额定工作状态下，二次绕组的视在功率，其单位为 $kV \cdot A$。

5. 联结组标号

指三相变压器一、二次绕组的连接方式。Y（高压绕组作星形联结）、y（低压绕组作星形联结）；D（高压绕组作三角形联结）、d（低压绕组作三角形联结）；N（高压绕组作星形联结时的中性线）、n（低压绕组作星形联结时的中性线）。

6. 阻抗电压

阻抗电压又称为短路电压。它标志在额定电流时变压器阻抗压降的大小。通常用它与额定电压 U_{1N} 的百分比来表示。

二、单相变压器

（一）单相变压器的基本结构

1. 铁芯

铁芯构成变压器磁路系统，并作为变压器的机械骨架。铁芯由铁芯柱和铁轭两部分组成，铁芯柱上套装变压器绕组，铁轭起连接铁芯柱使磁路闭合的作用。对铁芯的要求是导磁性能要好，磁滞损耗及涡流损耗要尽量小，因此，均采用硅钢片制作。目前，国产硅钢片有热轧硅钢片、冷轧无取向硅钢片、冷轧晶粒取向硅钢片。20 世纪 60—70 年代我国生产的电力变压器主要用热轧硅钢片，由于其铁损耗较大，导磁性能相应地比较差，且铁芯叠装系数低（因硅钢片两面均涂有绝缘漆），现已不用。目前，国产低损耗节能变压器均用冷轧晶粒取向硅钢片，其铁损耗低，且铁芯叠装系数高（因硅钢片表面有氧化膜绝缘，不必再涂绝缘漆）。根据变压器铁芯的结构形式可分为芯式变压器和壳式变压器两大类。芯式变压器是在两侧的铁芯柱上放置绕组，形成绕组包围铁芯的形式，如图4-3所示。壳式变压器则是在中间的铁芯柱上放置绕组，形成铁芯包围绕组的形状，如图4-4所示。

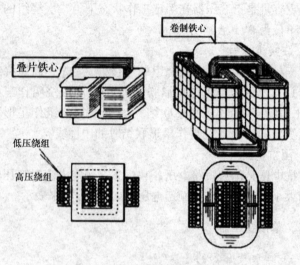

图4-3 芯式变压器

2. 绕组（线圈）

变压器的线圈通常称为绕组，它是变压器中的电路部分，小型变压器一般用具有绝缘的漆包圆铜线绕制而成，对容量稍大的变压器则用扁铜线或扁铝线绕制。

在变压器中，接到高压侧的绕组称高压绕组，接到低压侧的绕组称低压绕组。按高压绕组和低压绕组的相互位置和形状不同，绕组可分为同心式和交叠式两种。

（1）同心式绕组。同心式绕组是将高、低压绕组同心地套

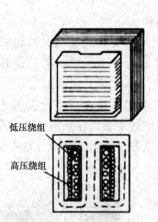

图 4-4 壳式变压器

装在铁芯柱上，如图 4-5 所示。为了便于与铁芯绝缘，把低压绕组套装在里面，高压绕组套装在外面。对低压大电流大容量的变压器，由于低压绕组引出线很粗，也可以把它放在外面。高、低压绕组之间留有空隙，可作为油浸式变压器的油道，既利于绕组散热，又作为两绕组之间的绝缘。

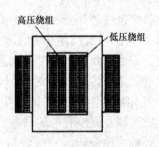

图 4-5 同心式绕组

同心式绕组按其绕制方法的不同又可分为圆筒式、螺旋式和连续式等多种。同心式绕组的结构简单、制造容易，常用于芯式变压器中，这是一种最常见的绕组结构形式，国产电力变压器基本上均采用这种结构。

（2）交叠式绕组。交叠式绕组又称饼式绕组，它是将高压绕组及低压绕组分成若干个线饼，沿着铁芯柱的高度交替排列着。为了便于绝缘，一般最上层和最下层安放低压绕组，如图4-6所示。交叠式绕组的主要优点是漏抗小、机械强度高、引线方便。这种绕组形式主要用在低电压、大电流的变压器上，如容量较大的电炉变压器、电阻电焊机（如点焊、滚焊和对焊电焊机）变压器等。

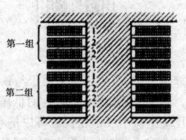

第一组

第二组

图4-6　交叠式绕组

（二）变压器的基本工作原理

变压器的主要部件是铁芯和套在铁芯上的两个绕组。两绕组只有磁耦合没电联系。在一次绕组中加上交变电压，产生交链一、二次绕组的交变磁通，在两绕组中分别感应电动势。

变压器是利用电磁感应原理工作的，图4-7所示为其工作原理示意图。两个互相绝缘且匝数不同的绕组分别套装在铁芯上，两绕组间只有磁的耦合而没有电的联系，其中接电源 u_1 的绕组称为一次绕组（曾称为原绕组、初级绕组），用于接负载的绕组称为二次绕组（曾称为副绕组、次级绕组）。

一次绕组加上交流电压 u_1 后，绕组中便有电流 I_1 通过，在铁心中产生与 u_1 同频率的交变磁通 Φ，根据电磁感应原理，将分别在两个绕组中感应出电动势 e_1 和 e_2。数值关系如图4-8所示。

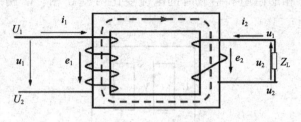

图 4 –7　工作原理示意

$$e_1 = -N_1 \frac{\mathrm{d}\Phi}{\mathrm{d}t}$$

$$e_2 = -N_2 \frac{\mathrm{d}\Phi}{\mathrm{d}t}$$

图 4 –8　电动势

　　式中，"一"号表示感应电动势总是阻碍磁通的变化。若把负载接在二次绕组上，则在电动势 E_2 的作用下，有电流 I_2 流过负载，实现了电能的传递。由上式可知，一、二次绕组感应电动势的大小（近似于各自的电压 u_1 及 u_2）与绕组匝数成正比，故只要改变一、二次绕组的匝数，就可达到改变电压的目的，这就是变压器的基本工作原理。

三、三相变压器

　　目前，电力系统中，输配电都是采用三相制，三相变压器应用很广泛。三相变压器使用较普遍的是三相芯式铁芯结构的变压器。从运行原理来看，三相变压器在对称负载下运行时，各相电流（电压）的大小相等，相位相差 120°。对任何一相进行分析，前边所得出的基本结论对三相变压器都是适合的。

　　1. 三相芯式变压器的磁路

　　如图 4 –9 所示，为三相芯式变压器的铁芯结构。在实际中，中间 V 相的磁阻和空载时的电流要比两边 U 相、W 相的稍小一些。

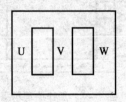

图 4 - 9　三相芯式变压器铁芯

2. 三相变压器绕组的极性

变压器铁芯中的交变主磁通，在原、副绕组中产生的感应电动势是交变电势，没有固定的极性。这里所说的变压器绕组极性，是指原、副两绕组的相对极性，即当原绕组的某一端在某一个瞬时电位为正时，副绕组也一定在同一个瞬间有一个电位为正的对应端，这时我们把这两个对应端，称为变压器绕组的同极性端，或者称为同名端（极性相反的端，称为变压器绕组的异极性端，或者称为异名端）。

变压器绕组的极性主要决定于线圈的绕向，绕向改变，极性也会改变。极性是变压器并联的主要条件之一，如果极性接反，在线圈中将会出现很大的电流，甚至把变压器烧毁。变压器绕组的极性是指变压器原、副绕组中感应电动势之间的相位关系。

对于三相变压器，共有 6 个绕组。其中，属于同一相的原副绕组的同极性端（同名端）用 "●" 或星号 "∗" 标明。一般画图时还要标明三相变压器三个原绕组和三个副绕组的首末端，如图 4 - 10 所示。图 4 - 10 中，用 $1U_1$、$1V_1$、$1W_1$ 表示高压绕组的首端，用 $1U_2$、$1V_2$、$1W_2$ 表示高压绕组的末端，用 $2U_1$、$2V_1$、$2W_1$ 表示低压绕组的首端，用 $2U_2$、$2V_2$、$2W_2$ 表示低压绕组的末端。

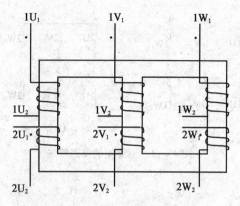

图 4 – 10　三相变压器组的极性

3. 三相变压器绕组的连接

三相变压器的原、副绕组都可以采用星形连接（Y）和三角形连接（△）。

（1）星形连接。

原绕组的星形连接：三相绕组的末端联在一起，构成了中性点 N_1，三个首端引出接电源。如图 4 – 11（a）所示。

副绕组的星形连接：三相绕组的末端联在一起，构成了中性点 N_2，3 个首端引出，以获得对称的三相电动势。如图 4 – 11（b）所示。

（2）三角形连接。

原绕组的三角形连接：三相绕组的首、末端联在一起，3 个连接点引出端线，接三相电源。

副绕组的三角形连接：三相绕组的首、末端联在一起，3 个连接点引出端线，接三相负载。

它分为正、反序接法。正序接法为 $1U_1—1V_2$、$1V_1—1W_2$、$1W_1—1U_2$。反序接法为 $1U_1—1W_2$、$1V_1—1U_2$、$1W_1—1V_2$。如图 4 – 12 所示。

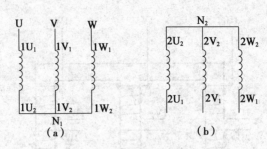

图 4 – 11 原绕组的星形接法

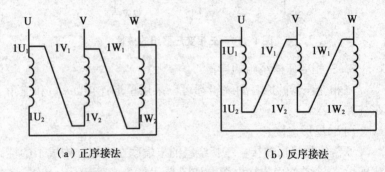

（a）正序接法　　　　　　　　（b）反序接法

图 4 – 12 绕组的三角形接法

四、变压器的日常运行维护

对运行中的变压器要按规定进行巡视检查，监视运行情况，严格掌握运行标准，保证安全运行。

1. 变压器运行标准

（1）允许温度。根据新厂目前投入运行的一台 1 600kVA 干式变压器这两年运行情况来看，夏季最高负荷时：电流在 2 100A 时，温度在 105℃左右，变压器运行正常，而干式变压器允许温度一般不宜超过 110℃，最高不得超过 120℃。

（2）允许负荷。变压器运行中的负荷应该在额定容量一下，

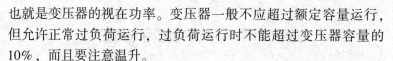

也就是变压器的视在功率。变压器一般不应超过额定容量运行，但允许正常过负荷运行，过负荷运行时不能超过变压器容量的10%，而且要注意温升。

（3）变压器三相不平衡负荷。当三相不平衡时应该监视最大一相的电流，当发现三相电流严重不平衡时应及时进行调节单相用电设备负荷的平均分配。

（4）允许波动电压。变压器电源电压一般不得超过额定值的5%，也就是10kV线路电压不得超过10.5kV，不得低于9.5kV。

2. 变压器日常维护

（1）值班人员应该根据电压表、电流表、温度表指示，监视变压器的运行负荷情况，发现异常情况及时上报。

（2）夏季负荷高峰时期要加强对变压器负荷电流、温度的巡视监测，经常查看冷却风扇的运行情况，发现异常及时解决处理。

（3）监视运行中的声音是否正常。

（4）定期查看变压器引线接头、电缆、母线等处有无过热氧化腐蚀。

（5）每年遇到外网停电时，要对变压器室内顶部和底部循环风口进行吸尘，保证风口的畅通。用抹布擦拭绕组浇注体外表灰尘，且查看绕组浇注体有无裂纹和表面过热损坏。查看变压器绕组的底角固定螺丝有无松动。

（6）正常运行时尽量避免打开变压器室的前后门，防止小动物（如小鸟、老鼠等）进入变压器室造成事故。

（7）经常打扫变压器室周围环境卫生，不得放置任何物体在变压器周围。

（8）经常查看变压器室下方的电缆沟里是否有积水，造成变压器运行环境潮湿，发现后及时处理，避免变压器绕组吸潮。

第二节　电动机的使用与维护

一、电动机的现状和分类

（一）生活中的电机

电动机是第二次科技革命中的最重要的发明之一，它至今仍在我们的社会生产、生活中起着极为重要的作用，机床、水泵，需要电动机带动；电力机车、电梯，需要电动机牵引。家庭生活中的电扇、冰箱、洗衣机，甚至各种电动玩具都离不开电动机。电动机已经应用在现代社会生活的各个方面。如图4-13所示，是电动机的外形。

图4-13　电动机的外形

电梯在工作时，曳引绳两端分别连着轿厢和对重，缠绕在曳引轮和导向轮上，曳引电动机通过减速器变速后带动曳引轮转动，靠曳引绳与曳引轮摩擦产生的牵引力，实现轿厢和对重的升降运动，达到运输目的。

手机震动利用的是偏心电动机，也就是普通电动机头上装了一个凸轮，而凸轮的重心并不在电动机的转轴上，在转动时，由于离心力的作用，拿在手机里的手机就感觉是振动了。

冰箱和空调都是利用制冷压缩机达到制冷目的的。制冷系统内制冷剂的低压蒸汽被压缩机吸入并压缩为高压蒸汽后排至冷凝器。同时，轴流风扇吸入的室外空气流经冷凝器，带走制冷剂放出的热量，使高压制冷剂蒸汽凝结为高压液体。高压液体经过过滤器、节流机构后喷入蒸发器，并在相应的低压下蒸发，吸取周围的热量。同时，贯流风扇使空气不断进入蒸发器的肋片间进行热交换，并将放热后变冷的空气送向室内。如此室内空气不断循环流动，达到降低温度的目的。而压缩机的核心部件就是电动机。

（二）电机的分类

电动机机应用广泛，种类繁多、性能各异，分类方法也很多。

（1）根据电动机工作电源的不同，可分为直流电动机和交流电动机。其中交流电动机还分为单相电动机和三相电动机。

（2）电动机按结构及工作原理可分为异步电动机和同步电动机。同步电动机还可分为永磁同步电动机、磁阻同步电动机和磁滞同步电动机。异步电动机可分为感应电动机和交流换向器电动机。感应电动机又分为三相异步电动机、单相异步电动机和罩极异步电动机。交流换向器电动机又分为单相串励电动机、交直流两用电动机和推斥电动机。

（3）电动机按启动与运行方式可分为电容启动式电动机、电容运转式电动机、电容启动运转式电动机和分相式电动机。

（4）电动机按用途可分为驱动用电动机和控制用电动机。驱动用电动机又分为电动工具用电动机、家电用电动机及其他通用小型机械设备用电动机。控制用电动机又分为步进电动机和伺服电动机等。

（5）电动机按转子的结构可分为笼型感应电动机和绕线转子感应电动机。

（6）电动机按运转速度可分为高速电动机、低速电动机、恒速电动机、调速电动机。

二、三相异步电机的结构与原理

(一) 电机结构

三相异步电动机的两个基本组成部分为定子（固定部分）和转子（旋转部分）。此外还有端盖、风扇等附属部分，如图4-14所示。

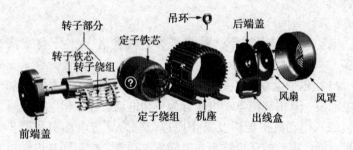

图4-14　电机结构

1. 定子

三相异步电动机的定子由3部分组成，见表4-1。

表4-1　三相异步电动机的定子组成

定子	定子铁芯	由厚度为0.5mm的，相互绝缘的硅钢片叠成，硅钢片内圆上有均匀分布的槽，其作用是嵌放定子三相绕组AX、BY、CZ
	定子绕组	三组用漆包线绕制好的，对称地嵌入定子铁芯槽内的相同的线圈。这三相绕组可接成星形或三角形
	机座	机座用铸铁或铸钢制成，其作用是固定铁芯和绕组

2. 转子

三相异步电动机的转子由3部分组成，见表4-2。

表4-2 三相异步电动机的转子组成

	转子铁芯	由厚度为0.5mm的，相互绝缘的硅钢片叠成，硅钢片外圆上有均匀分布的槽，其作用是嵌放转子三相绕组
转子	转子绕组	转子绕组有两种形式： 鼠笼式——鼠笼式异步电动机。 绕线式——绕线式异步电动机
	转轴	转轴上加机械负载

　　鼠笼式电动机由于构造简单，价格低廉，工作可靠，使用方便，成为了生产上应用最广泛的一种电动机。

　　为了保证转子能够自由旋转，在定子与转子之间必须留有一定的空气隙，中小型电动机的空气隙在0.2~1.0mm。

（二）三相异步电动机的转动原理

1. 基本原理

三相异步电动机的工作原理，如图4-15所示。

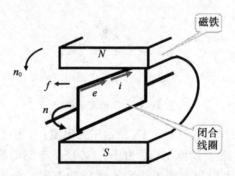

图4-15 三相异步电动机的转动原理

　　（1）在装有手柄的蹄形磁铁的两极间放置一个闭合导体，当转动手柄带动蹄形磁铁旋转时，将发现导体也跟着旋转；若改变磁铁的转向，则导体的转向也跟着改变。

　　（2）当磁铁旋转时，磁铁与闭合的导体发生相对运动，鼠笼式导体切割磁力线而在其内部产生感应电动势和感应电流。感应电流又使导体受到一个电磁力的作用，于是导体就沿磁铁的旋转方向转动起来，这就是异步电动机的基本原理。转子转动的方向和磁极旋转的方向相同。

（3）要使异步电动机旋转，必须有旋转的磁场和闭合的转子绕组。

2. 旋转磁场

旋转磁场产生。

如图 4－16 表示最简单的三相定子绕组 AX、BY、CZ，它们在空间按互差 120°的规律对称排列。并接成星形与三相电源 U、V、W 相连。则三相定子绕组便通过三相对称电流：随着电流在定子绕组中通过，在三相定子绕组中就会产生旋转磁场。如图 4－17 所示。

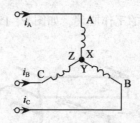

图 4－16　三相定子绕组

当 $\omega t = 0°$ 时，$i_A = 0$，AX 绕组中无电流；i_B 为负，BY 绕组中的电流从 Y 流入 B 流出；i_C 为正，CZ 绕组中的电流从 C 流入 Z 流出；由右手螺旋定则可得合成磁场的方向，如图 4－17（a）所示。

当 $\omega t = 120°$ 时，$i_B = 0$，BY 绕组中无电流；i_A 为正，AX 绕组中的电流从 A 流入 X 流出；i_C 为负，CZ 绕组中的电流从 Z 流入 C 流出；由右手螺旋定则可得合成磁场的方向，如图 4－17（b）所示。

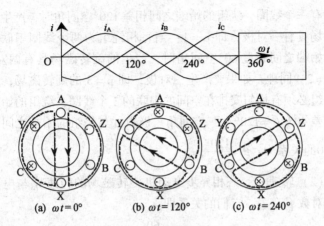

图 4 – 17 旋转磁场产生

当 $\omega t = 240°$ 时，$i_C = 0$，CZ 绕组中无电流；i_A 为负，AX 绕组中的电流从 X 流入 A 流出；i_B 为正，BY 绕组中的电流从 B 流入 Y 流出；由右手螺旋定则可得合成磁场的方向，如图 4 – 17（c）所示。

可见，当定子绕组中的电流变化一个周期时，合成磁场也按电流的相序方向在空间旋转一周。随着定子绕组中的三相电流不断地作周期性变化，产生的合成磁场也不断地旋，因此称为旋转磁场。

3. 旋转磁场的方向

旋转磁场的方向是由三相绕组中电流相序决定的，若想改变旋转磁场的方向，只要改变通入定子绕组的电流相序，即将 3 根电源线中的任意两根对调即可。这时，转子的旋转方向也跟着改变。

4. 三相异步电动机的极数与转速

（1）极数（磁极对数 p）。三相异步电动机的极数就是旋转磁场的极数。旋转磁场的极数和三相绕组的安排有关。当每相绕组只有一个线圈，绕组的始端之间相差120°空间角时，产生的旋转磁场具有一对极，即 p = 1；当每相绕组为两个线圈串联，绕组的始端之间相差60°空间角时，产生的旋转磁场具有两对极，即 p = 2；同理，如果要产生三对极，即 p = 3 的旋转磁场，则每相绕组必须有均匀安排在空间的串联的 3 个线圈，绕组的始端之间相差40°（ = 120°/p）空间角。极数 p 与绕组的始端之间的空间角θ的关系为：$\theta = \dfrac{120°}{p}$。

（2）转速 n_0。三相异步电动机旋转磁场的转速 n_0 与电动机磁极对数 p 有关，它们的关系即：

$$n_0 = \frac{60f_1}{p}$$

由上式可知，旋转磁场的转速 n_0 决定于电流频率 f_1 和磁场的极数 p。对某一异步电动机而言，f_1 和 p 通常是一定的，所以，磁场转速 n_0 是个常数。在我国，工频 $f_1 = 50Hz$，因此，对应于不同极对数 p 的旋转磁场转速 n_0，见表 4 - 3。

表 4 - 3　磁场转速 n_0

p	1	2	3	4	5	6
n_0	3 000	1 500	1 000	750	600	500

（3）转差率 s。电动机转子转动方向与磁场旋转的方向相同，但转子的转速 n 不可能达到与旋转磁场的转速 n_0 相等，否则，转子与旋转磁场之间就没有相对运动，因而磁力线就不切割转子导体，转子电动势、转子电流以及转矩也就都不存在。也就是说旋转磁场与转子之间存在转速差，因此我们把这种电动机称为异步电动机，又因为这种电动机的转动原理是建立在电磁感应基础上的，故又称为感应电动机。

旋转磁场的转速 n_0 常称为同步转速。

转差率 s——用来表示转子转速 n 与磁场转速 n_0 相差的程度的物理量。即：

$$s = \frac{n_0 - n}{n_0} = \frac{\Delta n}{n_0}$$

转差率是异步电动机的一个重要的物理量。

当旋转磁场以同步转速 n_0 开始旋转时，转子则因机械惯性尚未转动，转子的瞬间转速 $n = 0$，这时转差率 $S = 1$。转子转动起来之后，$n > 0$，$(n_0 - n)$ 差值减小，电动机的转差率 $S < 1$。如果转轴上的阻转矩加大，则转子转速 n 降低，即异步程度加大，才能产生足够大的感受电动势和电流，产生足够大的电磁转矩，这时的转差率 S 增大。反之，S 减小。异步电动机运行时，转速与同步转速一般很接近，转差率很小。在额定工作状态下约为 $0.015 \sim 0.06$。

根据转差率公式，可以得到电动机的转速常用公式即：

$$n = (1 - s)n_0$$

（4）三相异步电动机的定子电路与转子电路。三相异步电动机中的电磁关系同变压器类似，定子绕组相当于变压器的原绕组，转子绕组（一般是短接的）相当于副绕组。给定子绕组接上三相电源电压，则定子中就有三相电流通过，此三相电流产生旋转磁场，其磁力线通过定子和转子铁心而闭合，这个磁场在转子和定子的每相绕组中都要感应出电动势。

三、三相异步电动机的主要参数

每台三相交流异步电动机的机座上都有一个铭牌，如图 4 - 18 所示。Y 系列三相交流异步电动机的型号由产品代号、规格代号及特殊环境代号 3 部分组成。

三相异步时机

型名Y180—2	22kW	2 930
r/min		
50Hz	380V　42.2A	接法
△		
B级绝缘连续工作	重量　kg	年 月
标准编号	产品编号	

图 4 - 18　三相交流异步电动机的铭牌

1. 型号

Y 系列电动机是我国统一设计的更新换代产品，它具有效率高、起动转矩大、噪声低、振动小、防护性能好、安全可靠、外形美观等优点。例如，Y180M - 2 表示机座中心高 180mm、中号机座（L—长号、M—中号、S—短号）、二极的异步电动机。

Y 系列电动机，我国正在推广使用。但现在生产中使用的还有大量从前设计出厂的电动机，它的型号编制法与 Y 系列电动机的不同，如 $JO_2 - L - 62 - 4$ 依次表示为异步、封闭式、第二次设计、铝线、6 号机座、2 号铁芯长度的 4 极电动机。

2. 额定功率 P_N

额定功率表示电动机在额定工作状态下运行时，轴上输出的机械功率。单位是瓦（W）或千瓦（kW）。

3. 额定电压 U_N

额定电压指在额定状态下，定子绕组上所加的线电压，单位是伏（V）或千伏（kV）。

4. 额定电流 I_N

额定电流指在额定状态下，电机定子绕组中的线电流，单位是安（A）。

5. 接法

接法指电动机在额定电压下定子绕组的连接方法，有γ形和△形两种。若铭牌中写△，额定电压写 380V，表明电动机在额定电压 380V 时应接成△形。若电压写成 380/220V，接法写成 Y/△，表明电源线电压为 380V 时应接成γ形；电源线电压为 220V 时应接成△形。

一般γ系列电动机 3kW 及以下接成γ形、3kW 以上接成△形运行。J2、J02 系列 4kW 及以下接成γ形运行，4kW 以上接成△运行。

6. 额定频率 f_N

额定频率指输入电动机交流电的频率，单位是赫兹（Hz）。我国交流电的频率（工频）是 50Hz。

7. 额定转速 n_N

额定转速指在额定工作状态下，电动机转子的转速，单位是转/分（r/min）。

8. 绝缘等级

绝缘等级表示电动机所用绝缘的耐热等级。绝缘等级与绝缘材料最高允许温度的关系为：

Y（95℃）　　　　　A（105℃）　　　　　E（120℃）

B（130℃）　　　　　F（155℃）　　　　　H（180℃）

C（180℃以上）。

9. 定额（或运行方式）

定额指运行持续的时间，分为连续 S1、短时 S2、断续 S3 三种。S1 方式指电动机在额定工作状态下连续工作；S2 指在规定时限内运行，其时间限制为 10min、30min、60min、90min 4 种；S3 指电动机工作在运行——停车——运行的状态下，10min 为一个周期，分为 15%，25%，40%，60% 4 种。如 40% 表示电动机在 10min 为一个周期内，运行 4min，停车 6min。

第三节　三相异步电动机的常见故障与日常维护

三相异步电机是一种将电能转变为机械能并能拖动生产机械工作的动力设备，它具有结构简单、成本低廉、维护方便等一系列优点，在生产机械中得到广泛的应用。本节对三相异步电机易出现的各种故障现象和处理方法做了简要分析，包括三相异步电动机电气部分常见故障和机械部分常见故障的分析和处理。为了确保电动机的正常使用，要加强日常的维护和检查，保证电动机运转的稳定性。

电动机的故障大致可以分为机械故障与电磁故障两方面，这二者之间互有关联。如轴承损坏，引起电动机的过载，甚至堵转。而风叶损坏，使电动机绕组散热困难，温度提高，绝缘老化。电动机发生故障后，不同的故障类型，有不同的表现形式，主要有：异常声音、异常气味、电动机过热发烫或冒烟、电动机运行时振动过大、电动机轴承发热、绝缘电阻明显降低、电动机不能启动等。

一、电动机的机械故障及其原因

电动机机械方面的故障有：堵转、扫膛、振动、轴承过热、损坏等故障。

（1）异步电动机定、转子之间气隙很小，容易导致定、转子之间相碰。一般由于轴承严重超差及端盖内孔磨损或端盖止口与机座止口磨损变形，使机座、端盖、转子三者不同轴心引起扫膛。

（2）振动应先区分是电动机本身引起的，还是传动装置不良所造成的，或者是机械负载端传递过来的，而后针对具体情况进行排除。属于电动机本身引起的振动，多数是由于转子动平衡不好，以及轴承不良，转轴弯曲，或端盖、机座、转子不同轴心，或者电动机安装地基不平，安装不到位，紧固件松动造成的。

（3）如果轴承工作不正常，可凭经验用听觉及温度来判断。如果在轴承安装时不正确，配合公差太紧或太松，也都会引起轴承发热。

二、电动机的电磁故障及其原因

1. 电源电压过高或过低

电源电压偏高时，励磁电流增大，电动机会过分发热，产生的高电压会危机电动机的绝缘，使其有被击穿的危险。电源电压过低时，电磁转矩就会大大降低，如果负载转矩没有减小，转子转数过低，这时转差率增大造成电动机过载而发热，长时间运行就会影响电动机的寿命。

2. 三相电压不对称

当三相电压不对称时，即一相电压偏高或偏低时，会导致某相电流过大，电动机发热，同时，转矩减小会发出"翁嗡"声，时间长会损坏绕组。总之，无论电压过高过低或三相电压不对称都会使电流增加，电动机发热而损坏电动机。

3. 定子绕组单相接地

电动机绕组绝缘受到损坏及绕组的导体和铁芯、机壳之间相碰即为绕组接地。这时会造成该相绕组电流过大，局部受热，严重时会烧毁绕组。出现绕组接地多数是电动机受潮引起，有的是在环境恶劣时金属物或有害粉末粉尘进入电动机绕组内部造成。

4. 定子绕组相间短路

绕组中相邻两条导线之间的绝缘损坏后，使两导体相碰，就称为绕组短路。发生在两相绕组之间的绕组短路称为相间短路。

5. 定子绕组匝间短路

发生在同一相绕组中的绕组短路称为匝间短路。无论是匝间短路或相间短路，都会使得某一相或两相电流增加，引起局部发热，使绝缘老化，缩短电动机的使用寿命甚至损坏电动机。

6. 缺（断）相运行

三相异部电动机在运行过程中，断一相电源线或断一相绕组就会形成缺相运行。如果轴上负载没有改变，则电动机处于严重过载状态，定子电流将达到额定值的 1.5 倍甚至更高，时间稍长电动机就会烧毁。据统计，在烧毁的电动机中，因缺相运行所占比重最大。电动机缺相大多是由于某相熔断器熔断或负荷线路断线引起的。绕组断路是指电动机的定子或转子绕组碰断或烧断造成的故障。定子绕组端部，各绕组元件的接头处及引出线附近。这些部位都露在电动机座壳外面导线容易碰断，接头处也会因焊接不实长期使用后松脱。

7. 电动机过载

引起电动机过载的原因有：所带机械负荷过大；供电电压降低引起转速下降；缺（断）相运行；电动机启动时间过长等。电动机过负荷运行时由于电流增大，发热剧增，从而使其绕组绝缘受到损害，缩短了其使用寿命甚至被烧毁。

三、三相异步电动机的维护与保养

1. 启动前的准备和检查

（1）检查电动及启动设备接地是否可靠和完整，接线是否正确与良好。

（2）检查电动机铭牌所示电压、频率与电源电压、频率是否相符。

（3）新安装或长期停用的电动机启动前应检查绕组相对相、相对地绝缘电阻。绝缘地那组应大于 $0.5M\Omega$，如果低于此值，

须将绕组烘干。

(4) 对绕线型转子应检查其集电环上的电刷装置是否能正常工作，电刷压力是否符合要求。

(5) 检查电动机转动是否灵活，滑动轴承内的油是否达到规定油位。

(6) 检查电动机所用熔断器的额定电流是否符合要求。

(7) 检查电动机各紧固螺栓及安装螺栓是否拧紧。上述各检查全部达到要求后，可启动电动机。电动机启动后，空载运行30min左右，注意观察电动机是否有异常现象，如发现噪声、震动、发热等不正常情况，应采取措施，待情况消除后，才能投入运行。

启动绕线型电动机时，应将启动变阻器接入转子电路中。对有电刷提升机构的电动机，应放下电刷，并断开短路装置，合上定子电路开关，扳动变阻器。当电动机接近额定转速时，提起电刷，合上短路装置，电动机启动完毕。

2. 运行中的维护

(1) 电动机应经常保持清洁，不允许有杂物进入电动机内部；进风口和出风口必须保持畅通。

(2) 用仪表监视电源电压、频率及电动机的负载电流。电源电压、频率要符合电动机铭牌数据，电动机负载电流不得超过铭牌上的规定值，否则要查明原因，采取措施，不良情况消除后方能继续运行。

(3) 采取必要手段检测电动机各部位温升。

(4) 对于绕相型转子电机，应经常注意电刷与集电环间的接触压力、磨损及火花情况。电动机停转时，应断开定子电路内的开关，然后将电刷提升机构扳到启动位置，断开短路装置。

(5) 电动机运行后定期维修，一般分小修、大修两种。小修属一般检修，对电动机启动设备及整体不作大的拆卸，约一季度一次，大修要将所有传动装置及电动机的所有零部件都拆卸下来，并将拆卸的零部件作全面的检查及清洗，一般一年一次。

第四节　常见电动机基本控制线路

传统控制技术是指由各种控制电器按一定要求和规律组成控制线路，去控制电动机的启动、制动、调速和反转等的技术。

一、控制电器

控制电器种类繁多，我们只简单地介绍几种。

1. 闸刀开关

通常指胶盖瓷底闸刀开关，有二极和三极之分，胶盖有灭弧功能。用于照明电路时可选用额定电压220V或250V，额定电流大于或等于最大工作电流的两极开关；用于电动机的直接启动时，可选用额定电压380V或500V，额定电流大于或等于电动机额定电流3倍的三极开关。安装时，除垂直外，还不能倒装，即手柄向上为合闸，向下为断闸。一般电源进线在上，出线在下。如图4－19所示。

2. 组合开关

手柄可在平行于其安装面的平面内作360°旋转，无固定方向，无定位限制。多用作电源的引入开关或作小容量电动机的负荷开关。如图4－20所示。

3. 按钮

分为停止按钮、启动按钮和复合按钮。停止按钮为手指按下，动、静触头分离；手指松开，动、静触头闭合。启动按钮正好相反。复合按钮具备前两种功能，而且先断后合。常用在控制电路中，用以通断小电流电路。如图4－21所示。

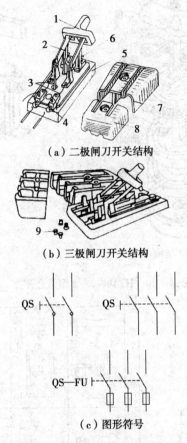

（a）二极闸刀开关结构

（b）三极闸刀开关结构

（c）图形符号

图 4-19 胶盖瓷底闸刀开关

1. 瓷质手柄；2. 静夹座；3. 熔丝；4. 出线座；5. 瓷底座；6. 进线座；7. 上胶盖；8. 下胶盖；9. 胶盖固定螺母

4. 螺旋式熔断器

作短路保护用。其额定电压一般为 500V，额定电流有 15A、60A、100A 及 200A 等。安装时，电源线应接在下接线座，负载

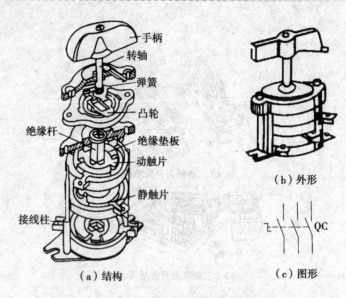

手柄
转轴
弹簧
凸轮
绝缘杆
绝缘垫板
动触片
静触片
接线柱

（a）结构

（b）外形

QC

（c）图形

图 4 – 20　HZ10 – 25/3 型组合开关

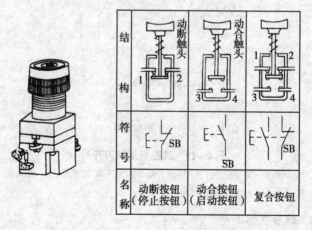

结构	动断触头 1 2	动合触头 3 4	1 2 3 4
符号	E-- SB	E-- SB	E-- SB
名称	动断按钮（停止按钮）	动合按钮（启动按钮）	复合按钮

（a）外形　　　　　（b）结构图

图 4 – 21　按钮示意图

线应接在上接线座。如图 4 – 22 所示。

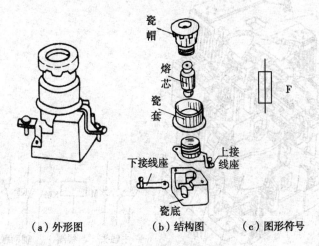

瓷帽

熔芯

瓷套

上接线座

下接线座

瓷底

（a）外形图 （b）结构图 （c）图形符号

图 4 – 22   螺旋式熔断器

5. 交流接触器

它是用来频繁地通断交流电路及大容量控制电路的自动控制电器。它由电磁系统、触头系统、灭弧罩及弹簧等组成。工作原理是：电磁线圈通电后产生磁场，静铁芯产生吸引力将动铁芯吸合，带动 3 对主触头、所有常开辅助触头闭合及所有常闭辅助触头断开；电磁线圈断电后，在弹簧的作用下，各触头又恢复到原来的状态。如图 4 – 23 所示。

6. 热继电器

它的型式有许多种，其中以双金属片式用得最多。常作过载保护用。工作原理是：电动机过载时，流过双金属片电阻丝的电流增大，双金属片弯曲，推动滑杆、人字拨杆、使动、静触头断开，切断了控制电路，交流接触器线圈失电而使其触头恢复原状，当主触头断开时，切断了主电路，起到了过载保护的作用。如图 4 – 24 所示。

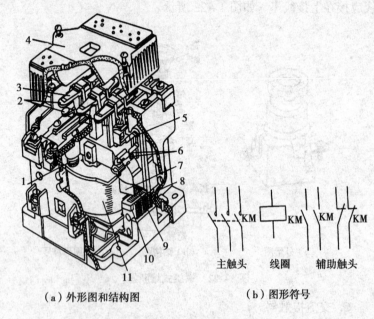

（a）外形图和结构图　　　　（b）图形符号

图 4 - 23　交流接触器

1. 反作用弹簧；2. 主触头；3. 触头压力弹簧；4. 灭弧罩；5. 辅助动断触头；6. 辅助动合触头；7. 动铁芯；8. 缓冲弹簧；9. 静铁芯；10. 短路环；11. 线圈

二、三相交流异步电动机的几个控制线路

1. 点动正转控制线路

如图 4 - 25 所示，这是最简单的正转控制电路，由组合开关 QS、熔断器 FU、启动按钮 SB、接触器 KM 及电动机 M 组成。其中以组合开关 QS 作电源隔离开关，熔断器 FU 作短路保护，按钮 SB 控制接触器 KM 的线圈得电、失电，接触器 KM 的主触头控制电动机 M 的启动和停止。工作原理如下。

闭合组合开关 QS，按下启动按钮 SB，接触器 KM 线圈得电，

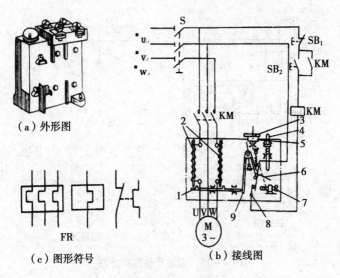

（a）外形图

FR

（c）图形符号

（b）接线图

图 4 - 24 热继电器

1. 滑杆；2. 双金属片电阻丝；3. 电流调节旋钮；4. 复位按钮；

5. 凸轮；6. 动触片；7. 限位螺钉；8. 静触头；9. 人字拨杆

动静铁芯吸合，带动 KM 的 3 对主触头闭合，电动机 M 接通电源启动运转。松开启动按钮 SB，接触器 KM 线圈失电，动静铁芯在弹簧作用下分离，带动接触器 KM 的 3 对主触头断开，电动机 M 失电停转。

2. 具有过载保护的自锁正转控制线路

如图 4 - 26 所示，为具有过载保护的正转控制线路。工作原理如下：闭合组合开关 QS，按下启动按钮 SB₁，接触器 KM 线圈得电，主触头闭合，电动机得电启动运转；同时，接触器 KM 的辅助常开触头闭合，完成自锁（松开 SB₁ 时，KM 的辅助常开触头仍然闭合），电动机连续运转下去。当按下停止按钮 SB₂ 时，接触器 KM 线圈失电，其各触点恢复到如图所示状态，电动机失电停转。电动机过载时，接在电动机三相主电路中的热继电器的

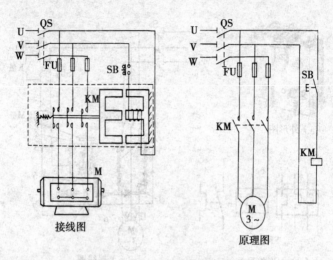

图 4 - 25　点动正转控制线路

热元件 FR 使控制电路中的热继电器的常闭触头 FR 断开，接触器 KM 线圈失电，主触头断开，切断三相主电路，电动机停转，从而保护了电动机。

3. 接触器连锁正反转控制线路

如图 4 - 27 所示，为接触器连锁正反转控制线路。闭合组合开关 QS，按下正转启动按钮 SB$_1$，接触器 KM$_1$ 线圈得电，主触头闭合，电动机启动并连续正转；KM$_1$ 辅助常开触头闭合，完成自锁；KM$_1$ 辅助常闭触头断开，完成互锁（一个接触器得电工作；另一个接触器便不能工作，又称为连锁），接触器 KM$_2$ 线圈断电，主触头不能闭合，防止两相电源短路事故发生。按下停止按钮 SB$_3$，KM$_1$ 线圈失电，切断主电路，电动机停转。按下反转启动按钮 SB$_2$，接触器 KM$_2$ 线圈得电，主触头闭合，电动机启动并连续反转；KM$_2$ 辅助常开触头闭合，完成自锁；KM$_2$ 辅助常闭触头断开，完成互锁。按下停止按钮 SB$_3$，电动机停转。热继电器 FR 可进行过载保护。

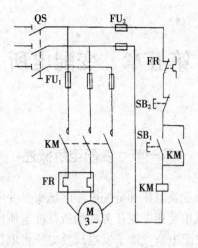

图 4 - 26　具有过载保护的正转控制线路

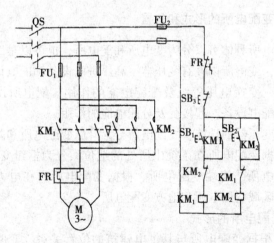

图 4 - 27　接触器连锁正反转控制线路

第五章　变配电所

第一节　变配电所概述

接受电能、变换电压和分配电能的场所是变电所，只接受和分配电能而不承担变换电压任务的场所是配电所。对于低压供电用户，只需设立配电所。除了发电厂变电所将电压升高外，其余均为降压变、配电所。

一、变配电所的形式和位置

变配电所具体可以分为变电所和配电所，也可以是二者的结合。其中，变电所内设有变压器、高压进电设备和配电设备，起接受电能、变换电压等级及分配电能的作用；配电所没有变压器，只有配电设备，起接受及分配电能的作用。

根据变压器的功能，变配电所分为升压变配电所和降压变配电所。根据变配电所在系统中所处的地位，分为枢纽变配电所、中间变配电所、终端变配电所。根据变配电所所在电力网的位置，分为区域变配电所和地方变配电所。

1. 变配电所的形式

（1）根据变配电所与其供电建筑的位置关系，变配电所可分为独立式、附设式（内附式及外附式）、露天式、户内式、地下式、杆上式或高台式等。

（2）根据变配电所的安装不同，分为需要现场分别安装变压器、电柜的装配式变配电所和工厂整体出厂不需现场分别安装的组装式成套变配电所。

2. 变配电所的位置

变配电所选址的具体要求：

（1）装有可燃性油浸变压器的变配电所，建筑物耐火等级应高于三级。

（2）独立变配电所，不宜设在地势低洼和可能积水的场所。

（3）在无特殊防火要求的多层建筑中，装有可燃油的电气设备的变配电所，可设置在底层靠外墙部位，但不应设在人员密集场所的上下方、贴邻或疏散出口的两旁。

（4）高层建筑的变配电所，宜设置在地下层或首层。

（5）一类高、低层主体建筑内，严禁设置装有可燃性油的电气设备的变配电所。

（6）高层建筑地下层变配电所的位置，宜选择在通风、散热条件较好的场所。

（7）露天或半露天变配电所，不应设置在下列场所。

①有腐蚀性气体的场所；

②挑檐为易燃体或耐火等级为四级及其以下的建筑物旁；

③附近有棉，粮及其他易燃，易爆物品集中的露天堆场；

④容易沉积可燃粉尘、可燃纤维、灰尘或导电尘埃，严重影响变压器安全运行的场所。

二、变配电所的布置

变配电所主要由高压配电室、变压器室、低压配电室、电容器室、值班室等组成。

1. 变压器室

①露天或半露天变电所的变压器四周应设不低于 1.7m 高的固定围栏（墙）。

②当露天或半露天变压器供给一级负荷用电时，相邻的可燃油油浸变压器的防火净距不应小于 5m，若小于 5m 时，应设置防火墙。

③变压器室的最小尺寸应根据变压器的外廓与变压器室墙壁和门的最小允许净距来决定。

④设置于变电所内的非封闭式干式变压器，应装设高度不低于 1.7m 的固定金属网状遮栏。

⑤当采用油浸式变压器时，变压器下方应设放油池。

⑥变配电所外墙通风口应设防鼠、防虫铁。

2. 电容器室

电容器室内维护通道最小宽度，如下表所示。

表　电容器室内维护通道最小宽度　　（单位：mm）

电容器布置方式	单列布置	双列布置
装配式电容器组	1 300	1 500
成套高压电容器柜	1 500	2 000

3. 变配电所的线路布置

图 5 - 1 为独立变配电所，图 5 - 2 为附设式变配电所。

三、变配电所的安全操作要求

(1) 倒闸操作必须填写操作票，且经主管部门负责人批准方可执行。

(2) 进行室内操作，应戴好绝缘手套站在绝缘垫（台或毯）上。

(3) 进行户外操作，应戴好绝缘手套、穿绝缘靴和使用一定的安全用具（如登电杆进行高空作业应戴安全帽和系安全带等）。

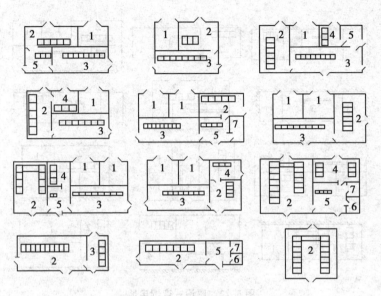

图 5-1 独立变配电所

1. 变压器室；2. 高压配电室；3. 低压配电室；4. 电容器室；5. 控制室或值班室；6. 辅助房间；7. 厕所

（4）雨、雪、大雾天气在户外操作，应有特殊防护装置的高压绝缘棒和绝缘夹钳（如加有防雨罩），否则禁止使用，雷雨天气时禁止操作。

（5）使用高压夹钳装卸高压熔断管时，应戴防护眼镜和绝缘手套，并站在绝缘垫上。

（6）变配电设备停电后，即使是事故停电，在未拉开有关电源开关和采取安全措施以前，也不得触及设备或进入遮栏，以防突然来电发生事故。

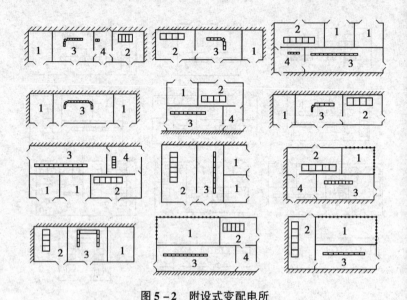

图 5-2　附设式变配电所

1. 变压器室；2. 高压配电室；3. 低压配电室；4. 电容器室

第二节　工厂变电所的电气设备

一、电力变压器

电力变压器是一种静止的电气设备，是用来将某一数值的交流电压（电流）变成频率相同的另一种或几种数值不同的电压（电流）的设备。当一次绕组通以交流电时，就产生交变的磁通，交变的磁通通过铁芯导磁作用，就在二次绕组中感应出交流电动势。二次感应电动势的高低与一两次绕组匝数的多少有关，即电压大小与匝数成正比。主要作用是传输电能，因此，额定容量是它的主要参数。额定容量是一个表现功率的惯用值，它是表征传输电能的大小，以 kVA 或 MVA 表示，当对变压器施加额定电压时，根据它来确定在规定条件下不超过温升限值的额定电流。较为节能的电力变压器是非晶合金铁芯配电变压器，其最大优点是，空载损耗值特低。最终能否确保空载损耗值，是整个设计过程中所要考虑的核心问题。当在产品结构布置时，除要考虑非晶合金铁芯本身不受外力的作用外，同时，在计算时还须精确合理选取非晶合金的特性参数。常用的电力变压器外形，如图 5-3 所示。

图 5-3　常用电力变压器

二、油断路器

油断路器是触头在油介质中闭合和断开的一种断路器。当油断路器开断电路时，只要电路中的电流超过 0.1A，电压超过几十伏，在断路器的动触头和静触头之间就会出现电弧，而且电流可以通过电弧继续流通,只有当触头之间分开足够的距离时,电弧熄灭后电路才断开。10kV 少油断路器开断 20kA 时的电弧功率,可达 10 000kW 以上,断路器触头之间产生的电弧弧柱温度可达 6 000 ~ 7 000℃,甚至超过 1 万度。目前,普遍使用的断路器是 SN10 - 10 型少油断路器,其外形如图 5 - 4 所示。

图 5 - 4　SN10 - 10 型少油断路器

三、隔离开关

隔离开关是高压开关电器中使用最多的一种电器,是在电路中起隔离作用的它本身的工作原理及结构比较简单,但是,由于使用量大,工作可靠性要求高,对变电所、电厂的设计、建立和安全运行的影响均较大。刀闸的主要特点是无灭弧能力,只能在没有负荷电流的情况下分、合电路。常用的有 GN19 型、GN20型隔离开关。GN19 型户内式隔离开关外形,如图 5 - 5 所示。

图 5 - 5　　GN19 型户内式隔离开关外形

四、负荷开关

负荷开关是介于断路器和隔离开关之间的一种开关电器，具有简单的灭弧装置，能切断额定负荷电流和一定的过载电流，但不能切断短路电流。其工作过程是：分闸时，在分闸弹簧的作用下，主轴顺时针旋转，一方面通过曲柄滑块机构使活塞向上移动，将气体压缩；另一方面通过两套四连杆机构组成的传动系统，使主闸刀先打开，然后推动灭弧闸刀使弧触头打开，气缸中的压缩空气通过喷口吹灭电弧。高压负荷开关，如图 5 - 6 所示。

五、高压开关柜

高压开关柜是指用于电力系统发电、输电、配电、电能转换和消耗中起通断、控制或保护等作用，高压开关柜按作电压等级在 3.6kV ~ 550kV 的电器产品，高压隔离开关与接地开关、高压负荷开关、高压自动重合与分段器，高压操作机构、高压防爆配电装置和高压开关柜等几大类。开关柜应满足交流金属封闭开关

图 5-6　高压负荷开关

设备标准的有关要求，由柜体和断路器二大部分组成，柜体由壳体、电器元件（包括绝缘件）、各种机构、二次端子及连线等组成。高压开关柜外形，如图 5-7 所示。

六、低压配电盘、配电箱、配电柜

低压配电盘、配电箱、配电柜是变电所使用的二次电压在500V 以下的低压成套配电装置。设有刀开关、自动空气开关、保护装置和测量仪表。低压配电柜实物，如图 5-8 所示。

图 5 – 7　高压开关柜

图 5 – 8　低压配电柜

第六章 低压配电线路的安装

第一节 低压架空线路的安装

架空线路主要利用绝缘子和空气绝缘，设备简单、敷设容易，造价低廉，易于检修和维护。但是架空线路需占用一定的空间走廊，与地面、相邻的建筑物/构筑物及其他设备之间要有一定的安全距离；同时，在城市上空架设纵横交错的线路，既不安全又不美观。

架空线路和电缆线路按电压等级分为高压线路和低压线路，1kV及以下为低压线路，1kV以上为高压线路。如图6-1所示为低压架空线路的结构。

一、杆位测量

1. 杆位要求

（1）高、低压架空线路宜与道路平行架设，电杆距路边为0.5~1m。

（2）10kV及以下架空线路杆塔的埋地部分，与地下各种工程设施（除电缆线路）间的水平距离不宜小于1m。

（3）对于10kV及以下架空线路直线杆，杆坑中心顺线路方向的位移不应超过设计挡距的3%；横线路方向位移不应超过50mm。转角杆、分支杆杆坑中心横线路、顺线路方向的位移不应超过50mm。

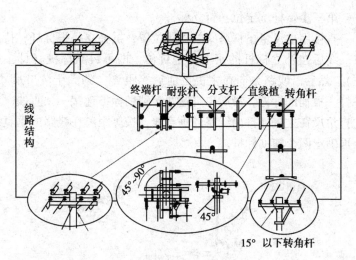

终端杆 耐张杆 分支杆 直线植 转角杆

线路结构

45°～90°

45°

15° 以下转角杆

图 6-1 低压架空线路结构

2. 杆位测量方法

杆位测量可用标杆测量或经纬仪测量。对于 10kV 及以下的架空配电线路，耐张段、挡距均较短，杆型比较简单，用数支标杆即可进行杆塔定位。因此，这里仅对标杆法进行介绍。其定位步骤为：

第一步：确定线路的起点、终点和转角点。

根据施工设计图和杆塔明细表，确定电杆相对道路或建筑物的平行距离，定出线路应经过的两点。根据两点延伸确定线路的起始点、转角点和终端点。以一个直线耐张段为单位进行各杆位定位。

第二步：利用三点一线原理，确定中间标杆位置。

先在线路起始点立一根垂直标杆做起始点标志，在相邻转角点或终点端再立一根垂直标杆作标志，利用三点一线的原理，观察者站在距起点标杆 3m 外目测起点和终点，用手势、旗语或对讲机等来指挥中间补立标杆的人员，如图 6-2 所示。

第三步：杆坑定位，钉立标桩。

直接用皮尺量出杆塔间的挡距位置，拭补立一根标杆，待三点一线后在补立标杆的正下方定桩位，即可钉立标桩（即主桩位）。然后沿线路方向在主桩位前后等距离（约大于坑口尺寸）各打一根辅助标桩。最后再将这两个辅助标桩连接一条直线，用大直角尺在主桩处打出线路的垂直线，按等距离在线路的垂直线上再确定两个辅助标桩。

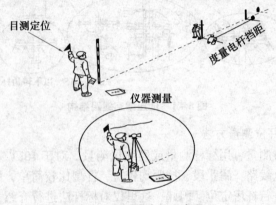

图 6－2　测量定位示意图

第四步：钉立余下的标桩。

按上述办法，依次类推用数支标杆使所有杆位成一直线，同时钉立标桩（主桩和辅助桩）。根据设计转角杆位置，逐段测定完成所有杆位定位。

二、挖掘杆坑

1. 确定坑口尺寸

根据主桩位及辅助桩位，按照图纸规定的尺寸，量出挖坑范围，用白灰在地上画出白粉线。坑口尺寸应根据电杆基础埋深及土质松软情况来决定。设底盘边长为 b 米，坑深为 h 米〔＝

0.7 + （杆长 L/10）〕，坡度系数为 η，则坑口边长 a 为：

$$a = b + 0.2 + \eta h \ (m)$$

其中，坡度系数 η 由土质状况决定：一般黏土取 0.4，坚硬土壤取 0.3。

2. 确定杆坑型式

对于无底盘的用汽车吊等机具立杆的，宜用打洞机（螺旋钻）或夹板铲挖成圆形基坑；对于用人力及抱杆等工具立杆的，应挖成带有马道的基坑（含圆形基坑和方形基坑），马道则应开挖在立杆的一侧。

3. 挖坑工具

挖梯形坑的工具也可以使用镐、锄头等，圆形坑或者一些特殊的坑可以采用洞锹与泥瓢或者螺旋钻洞器与夹铲等，如图 6 - 3 所示。

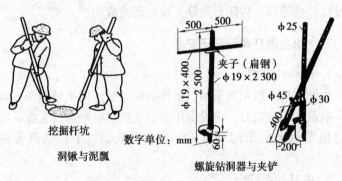

图 6 - 3 挖坑工具

4. 挖掘杆坑的注意事项

（1）开挖前应检查地下确无给排水管网、通信光纤电缆、天然气管线等。

（2）坑边不应堆放重物，挖出的土应堆放在离坑口 0.5m 以外，以防坑壁坍塌或石块回落坑内；严禁将工器具放在坑壁边缘，以免掉落伤人。

（3）当坑深超过 1.5m，坑内工作人员须戴安全帽，且必须在坑外设置监护人；当坑深超过 1.8m，应设专人传递上土。

（4）当挖至一定深度坑内出水时，应在坑的一角挖一小坑集水，并及时将集水排出。

（5）如遇流沙或其他易垮塌土质，应适当增加坑口尺寸，并在挖至规定深度后立即立杆，或用挡土板支撑坑壁。

（6）岩石基础坑开挖常需爆破配合挖坑。爆破人员必须持有爆破作业资格证。

（7）人工挖坑时，先清除坑口附近的浮石；严禁相近断面的上下坡同时开挖，且土石滚落下方严禁有人，并设专人警戒；作业人员之间保持适当距离；作业人员严禁在坑内休息。

（8）在行人通过区，杆坑挖好后应采用围栏、盖板，夜间应设红色信号灯，以防行人跌入坑内而造成伤亡。

三、组立电杆和绝缘子安装

1. 电杆的运输

装卸电杆一般用汽车吊。电杆运输一般使用平板拖车。若使用一般载货车运输时，应设专用槽钢支架对电杆进行支撑。电杆在运输车辆上必须用钢丝绳、双钩紧线器、手拉葫芦等捆绑牢靠。

2. 电杆的连接。

钢圈连接的钢筋混凝土电杆宜采用电弧焊接，也可采用气焊。不管采用哪种焊接方式，均应符合 GB 50173 的规定。

3. 电杆组装

所谓电杆组装，就是根据图纸及电杆杆型将杆塔本体、横担、绝缘子及金具进行组合装配。电杆组装一般是在立杆前于地面上进行，如果确需在立杆之后再进行组装，则组装顺序应从上到下依次进行。

（1）横担的安装。横担应按，如图6－4所示进行安装。安装时，先不要将螺母完全拧紧（只要求立杆时不往下滑落即可），待立杆后，调整横担至规定位置，再拧紧螺母。

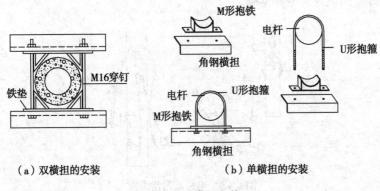

（a）双横担的安装　　　　　　（b）单横担的安装

图6－4　横担安装

（2）绝缘子安装。安装前，应清洁绝缘子，经检查试验合格后，再进行安装。安装时将绝缘子铁脚装入安装孔，用螺母紧固，应加防松措施。

4. 立杆

架空配电线路施工常用立杆方法有：吊车起吊立杆、撑杆（架杆）立杆、抱杆立杆（固定式抱杆、倒落式抱杆）等几种。

（1）吊车起吊立杆。用汽车吊立杆，可减轻劳动强度、加快施工进度，但只能在有条件停放吊车的地方使用。

①起吊点的选择：距电杆顶部1/3～1/2处。

②绳索结法：先在起吊点处结1根绳索（钢筋混凝土杆为钢丝绳、钢管杆为高强度尼龙绳），再在距杆顶500mm处结3根临时牵绳（又称调整绳）和1根脱落绳。如图6－5所示。

③立杆：起吊时，坑边站2人负责电杆根部进坑，另由3人

各拉一根牵绳（以便校准电杆方向），以杆坑为中心站成三角形，由1人指挥。当电杆离地200mm时，将电杆根部移至杆坑口，电杆继续起吊，使电杆一边竖直一边伸入坑内。当电杆接近竖直时，停止起吊，缓慢放松吊绳。与此同时，利用牵绳校直电杆，回填夯实电杆基础。

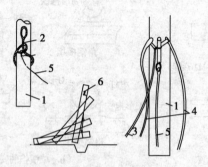

图6-5　电杆起吊用绳索

1. 电杆；2. 起吊钢丝绳；3、4. 调整绳；5. 脱落绳；6. 吊钩

（2）撑杆（架杆）立杆。用3副架杆，轮换着将电杆顶起，使电杆根部滑入坑内的立杆方法称为撑杆立杆法。这种方法劳动强度较大。对短于8m的钢筋混凝土杆和高于8m的木杆，可以采用该办法立杆，如图6-6所示。

（3）固定式人字抱杆立杆法。起吊工具和材料为：长度约为1/2杆长的人字抱杆1副；长约4.5m、直径约为10mm的起吊钢丝绳1根；长约为杆长1.5倍、直径6mm的固定抱杆的钢丝绳2根；承载3000kg的滑轮和滑轮组各1个；钢钎数根。立杆方法如图6-7所示。

（4）倒落式抱杆立杆。立杆方法如图6-8所示。

这种方法是立杆最常用得方法。

①起吊工具：人字抱杆、滑轮组及滑轮、卷扬机或绞磨以及钢丝绳、钢钎等。

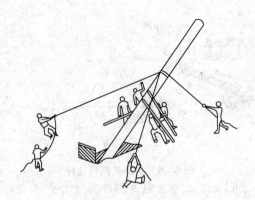

图 6-6 撑杆立杆

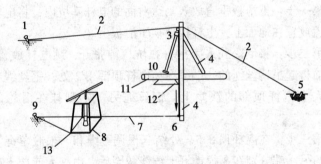

图 6-7 固定式人字抱杆立杆

1、5、9. 地锚；2. 缆绳；3、6、10. 滑轮；4. 人字抱杆；
7. 钢丝绳；8. 绞磨；11. 电杆；12. 杆坑；13. 拉绳

②技术数据：抱杆长度宜为电杆长度的 1/2～3/4；抱杆根部开度约为抱杆长度的 1/4～1/3；抱杆根部连线与杆坑的距离为电杆重心高度的 20%～40%。

抱杆初承力时对地面夹角为 60°～70°，抱杆失效倒落时应保证电杆对地面夹角为 55°～60°。

③作业步骤如下：

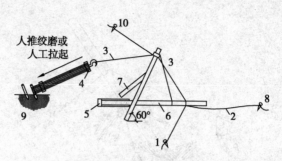

图 6-8　倒落式抱杆立杆

1、8、9、10. 地钎；2. 调整绳；3. 吊绳；4. 滑轮组；5. 滑板；6. 电杆；
7. 人字抱杆

第一步：把滑板垂直放入马道对面的电杆基坑内，将电杆顺着马道放置在地面上，电杆根部顶于滑板上。

第二步：将倒落式人字抱杆在坑口前张开，顺电杆放置好。立杆前将起吊钢丝绳的一端绑在离电杆顶部 1/3 处，钢丝绳中部绑在人字抱杆顶部的铁帽上，钢丝绳另一端则挂在滑轮的吊钩上。

第三步：在离杆顶 0.5m 处结三根调整绳和一根脱落绳。调整绳的另一端分别在 3 根铁钎上缠绕两圈后，由一人或两人用手把持。铁钎的打入地点应在顺电杆方向及其两侧，且距基坑中心的距离为杆长的 1.5 倍。

第四步：开动卷扬机或转动绞磨，拖动总牵引绳，使得抱杆和电杆同时竖起。

第五步：当电杆稍离地 0.5m 时，暂停起吊。检查各部位受力情况、绳扣、地锚（即钢钎）是否牢固，抱杆受力是否均匀、有无下沉滑动，电杆有无弯曲裂纹等，确无异常后才可继续起吊。

第六步：电杆离地 30°~45°时，应使电杆根部落于坑底。电杆离地45°后，注意抱杆脱落。抱杆脱落时应暂停起吊。

第七步：电杆离地70°以上时，应注意带住后牵引调节绳，防止电杆向前倒杆。同时，总牵引绳要缓慢放松，使电杆根部伸入杆坑内，当电杆根部快要接触坑底时，应使电杆调整到正确位置。

第八步：抽出滑板，填土夯实，拆卸工具。

5. 调整电杆

（1）调整内容及方法。

位置调整：用杠子拨动电杆根部，使电杆移至规定位置；

杆面调整：用转角器或在电杆上绑扎一根木杠，以推磨的方式转动电杆，使横担达到正确方向。

杆身调直：可借助拉绳进行调整。

（2）调整要求。

直线杆的横向位移不应大于50mm，电杆的倾斜度应不大于半个稍径。

转角杆的横向位移不应大于50mm。转角杆应向外角预偏，紧线后不应向内角倾斜。其向外角倾斜后的杆稍位移，不应大于杆稍直径。

终端杆应向拉线侧预偏，其预偏值不应大于杆稍直径。紧线后不应向受力侧倾斜。

6. 填土夯实

当电杆竖起并调整好之后，即可回填土。若坑内有积水，则应先将水淘干后再回填土；如有大土块，要先将土块打碎后埋填。边填边夯实，每埋0.3～0.5m要夯实一次。夯实应在电杆两侧同时交叉进行，以防挤动杆位。填土至坑深的2/3时，可安装卡盘。多余的土均应堆在电杆根部周围形成土台。无论杆坑，还是马道，回填土均要高出地面0.3～0.5m作为防沉土。回填完毕后，取下杆上的临时拉绳。

四、拉线的制作安装

1. 拉线装置组成及拉线长度计算

（1）拉线装置的组成。拉线装置由拉线包箍、UT 型线夹、钢绞线、楔形型线夹、拉线棒和拉线盘构成。拉线装置可分为拉线上部（上把、中把）和拉线下部（下把、地锚），拉线结构示意图，如图 6 – 9 所示。

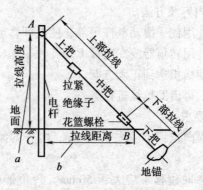

图 6 – 9　拉线结构示意图

（2）拉线长度计算。假设拉线高（电杆上拉线固定点至拉线出土面的垂直距离）为 H，则拉线的计算长度（从电杆上拉线固定点至拉线棒出土处的直线长度）L 为：

$$L = H/\cos\theta$$

其中，θ 为拉线与电杆的夹角，其值一般为 45° ~ 60°，当受地形限值时，不宜小于 30°。

（3）钢绞线下料长度 = L – 拉线棒出土部分的长度 – 两端连接金具的长度 + 两端金具出口尾部钢绞线的折回长度。

事实上，在实际施工时，钢绞线的下料长度由现场实测进行确定。具体做法是：由一人登杆用皮尺从拉线包箍（已在组立电杆时装好）开始，另一人将皮尺拉至底把端环，将丈量的尺寸加上 2m 即为拉线的下料尺寸。

2. 拉线材料

拉线常用钢绞线（GJ25～GJ75）制作，有时也用 Ø3.2～Ø4.0 多股（3、5、7、9、11、13 股）镀锌铁线制作。

3. 拉线装置安装

（1）埋设拉线盘及底把。

a. 清理拉线坑、复核其尺寸和位置是否正确。底把马道宽度为 150mm，与地面夹角一般为 45°或根据拉线的形式而定。

b. 水平拉线要将拉桩杆立好，并与地面成 70°角，要保证拉线盘中心、桩杆、电杆三点在一条直线上。

c. 埋设拉线盘及底把。将底把拉线棒（带有心形环）穿过拉线盘上的孔，垫好厚垫片（一般为 200mm×200mm×10mm 的镀锌钢板），用双螺母锁紧。找正后填土夯实，最后堆土 300mm。

（2）丈量拉线长度及下料。拉线长度按前述办法确定。

下料要用剪刀剪断钢绞线，剪断前先用细铅丝将剪断位置的两侧 10mm 处绑扎牢固，以防剪断后散开分股。

（3）做上把。登杆将钢绞线的一端穿入拉线包箍的心形环内，穿入前要将钢绞线穿入心形环处做成环行。

上把的固定方法一般有两种：缠绕法和楔形线夹法。缠绕法是用 Ø2～Ø3 的镀锌铁线将上把心形环处绑扎，绑扎要紧密牢固可靠，最好用小辫收尾，绑扎长度要根据拉线的长短而定，一般为 250～300mm。楔形线夹法是用金具固定的，金具的选择要与拉线的直径相符，线尾要绑扎牢固，一般不采用钢索卡子固定上把。

（4）做下把。下把的固定方法有缠绕法、楔形 UT 线夹法、花篮螺栓法。

做下把时，先用 1m 长的 8#铅丝，一端穿入拉线棒端环后折回与另一端并齐，再将并齐后的铅丝端头插入紧线器并进行固定。然后用紧线器的咬口咬住尽量拉直的钢绞线。最后转动紧线器手柄，缠动铅丝线，将拉线张紧并使杆头向拉线侧偏移 1.0 ~ 1.2 个杆稍直径。这时，将钢绞线拉入拉线棒端环上的心形环内，用作上把的方法将拉线下把做好。

缠绕法适用于 50mm² 及以下的钢绞线，缠绕时，线紧密绑扎 250 ~ 350mm，然后花绑 400 ~ 500mm，最后紧密绑扎 100 ~ 150mm，小辫收尾。

楔形 UT 线夹法适用于 GJ70 及以上的钢绞线。具体作法同上把。

采用花篮螺栓做下把时，要将螺栓退至端头，以便调整。花篮螺栓的选择要按钢绞线的直径选取。

五、导线的架设

导线架设（简称架线）通常包括放线、导线连接、紧线、弧垂观测以及导线在绝缘子上的固定等内容。

1. 准备工作

（1）进行沿线环境踏勘。了解线路的交叉跨越情况并制订交叉跨越处的放线措施，及时与有关部门取得联系；清除放线通路上青苗树木或其他可能损伤导线的障碍物，以免擦伤导线；在通过可能腐蚀导线的土壤和积水地区时，应采取保护措施。

（2）沿线检查杆塔有否倾斜或缺件，拉线安装是否符合要求，不妥之处应立即派人修复。

（3）复核运到现场的导线型号、规格、数量、质量是否符合设计要求。值得注意的是，不同材质的导线，不能架设在同一横担上面。

（4）准备挂线滑轮、绑线、吊线绳、牵引设备、放线架、金具等机具材料。

（5）组织分工、确定驰度、制定紧线方案、技术要求、注意事项、安全要求及其他施工组织事宜。

（6）确定通讯联系信号（如旗语或步话机）并通知所有参加的施工人员。

2. 搭设跨越架

当架空线路跨越铁路、公路、电力线路、通信线路、无船小河等设施或不利环境时，应搭设放线用的跨越架。跨越架一般用毛竹或杉木搭设，宜简便，但须牢靠。跨越架与被跨越物的最小安全距离，见表 6 – 1。

表 6 – 1　跨越架与被跨越物的最小安全距离

被跨越物	公路	铁路	10kv 配电线	通信线	低压线
最小垂直距离（m）	6	7	1	1	1
最小水平距离（m）	0.5	3 ~ 3.5	1.5 ~ 2	0.5	0.5

3. 放线

放线就是将成卷的导线沿着电杆的两侧放开，为将导线架设到横担上做准备。对于线路较短、截面较小的导线，一般采用手工放线；截面较大的导线可将线轴安放在高低可调的放线架上，用人力或卷扬机牵引放线。

放线步骤及注意事项如下。

（1）安装开口放线滑轮。在每根电杆的横担上用铁丝套挂一只开口滑轮，可减小导线的拖放阻力（即摩擦力）、防止导线的磨伤。开口滑轮的直径应不小于导线直径的 10 倍。对于铝绞线和钢芯铝绞线，应采用铝滑轮或木滑轮；对于钢绞线，则可采用铁滑轮或木滑轮。

（2）布置放线架。放线架是钢制且有手动升降装置（如千斤顶）的轴架，能承受线轴的全部重量，一般将其设置在较地势平坦、开阔的耐张杆及转角杆处。为了保证放线架稳固性，有时需用地锚进行固定。

（3）拖放导线。从放线架线轴上方将线头引出，将牵引绳与待放导线端头绑扎，拖拉牵引绳，顺线路方向展放导线。当导线拖拉至开口滑轮处时，将导线用绳子拉起并放在开口滑轮内。当第一轴导线放完后，从放完处接着放第二轴导线，直至耐张段内的所有导线全部放完。

4. 架线

架线又称挂线，就是将展放在电杆两侧地面上的导线架设到横担上。导线截面较小时，可有地面人员用挑线竿挑给杆上人员；导线截面较大时，可由杆上人员用绳索提起导线。一般来说，放线和架线是同时进行的，即一边放线一边架线。

导线上杆后，一端绑扎在瓷瓶上，另一端线头则夹在紧线器上，中间每档把导线则嵌入开口滑轮内。

导线排列要求：对于高压线路，面向负荷从左侧起，导线排列相序为A、B、C；对于低压线路，面向负荷从左侧起，导线排列相序为A、N、B、C；高压线路。

5. 紧线

紧线就是在耐张段内将挂好的导线按规定的驰度（垂度）拉紧并固定在横担的绝缘子上。

（1）紧线的方式。紧线的方式有单线法、双线法、三线法3种。

①单线法：每次只拉紧一根（一相）导线。这种紧线方式的工艺简单，所需的工具较少，但工期较长，不易掌握三相导线的驰度一致性，易拉歪横担。常用于结构简单而距离较短的一般线路上。

②双线法：两根边相导线同时拉紧，最后再拉紧中间相导线。这种紧线方式的工艺较为复杂，所需的人和工具较多，是最

常用的紧线方法。

③三线法：一次同时拉紧三根（相）导线。这种紧线方法的工艺复杂，所需的人和机具也多，容易掌握三相导线的驰度一致性。

（2）紧线的准备工作。

①检查耐张段内的拉线是否齐全牢固，地锚底把有无松动。紧线段内两端的耐张杆应做必要的临时加强拉线和临时地锚。临时拉线可用不小于 Ø10 的钢丝绳或钢绞线、Ø20～Ø30 的棕绳、Ø16 的钢筋制成。临时地锚可在顺线路方向用 Ø50 的钢管斜打入地面 1.50～2.00m。临时拉线和临时地锚应在紧好线后拆除。

②检查导线有无损伤、交叉混淆、障碍、卡住等情况，接头是否符合要求，是否已挂滑轮且导线已在轮槽内，跨越架是否安全可靠、有无专人看管，电杆有无倾斜、金具、绝缘子是否缺件等。

③牵引设备应准备就绪，人力紧线应有足够的人力和固定牵引绳的装置或地锚，机具牵引一般用绞磨或小型拖拉机及汽车等。

④操作人员到位，紧线工具（紧线器、耐张线夹、铝包带、活动扳手、榔头、登杆工具、紧线器用的8#铅丝或 Ø6～Ø10 的钢筋等）准备齐全并运到现场。

⑤观察导线弧垂的人员（应了解其技术水平、能否胜任）应达到指定杆位，并做好准备（登杆、安放仪器）

⑥指挥人员应在作业前召集所有人员布置紧线方案、规定联络信号、宣布注意事项及安全事宜等。

（3）紧线。紧线施工一般同弧垂观测、固定导线一起进行。先将始端导线按设计要求，一端固在耐张线夹或楔形线夹内（线夹内的导线包扎两层铝包带，包扎长度应在线夹的两端各露出 50mm；导线的尾部一般预留 1.50m，以便过引及连接），并将线

電 工

夹挂在横担上的绝缘子串上。然后在末端（紧线端）用紧线器械进行紧线。紧线时可根据导线的截面大小及耐张段的长短，分别选用人力紧线、绞磨紧线或机具紧线。

紧线时，一般先用人力拉动顺延在地面上的导线，待导线离开地面 2～3m 后，再用紧线器（已用长为 1m 左右的镀锌铁线或 Ø6～Ø8 钢筋悬挂在横担上）夹住导线并进行紧线，同时，用人力或绞磨牵引将导线端头拉紧。当导线收紧接近弧垂要求值时，应减慢牵引速度，待达到弧垂要求值时，即停止牵引，待 0.5～1min 无变化时，由操作人员在操作杆上量好尺寸画好印记，将导线卡入耐张线夹，然后将导线挂上电杆，松去紧线器。

值得注意的是：在紧线或松线过程中，工作人员严禁站在悬空导线的垂直下方、严禁跨在导线上或站在内角侧，以防意外跑线时抽伤；严禁采用突然剪断导线的办法进行松线。

6. 导线的固定

导线在绝缘子上的固定方法，通常有绑扎法以及使用耐张线夹的固定方法。

（1）绑扎法。在直线杆瓷瓶上固定导线一般采用绑扎法。采用绑扎方法固定导线时，绑线材质应与导线相同，其规格为：铝线为 Ø2.0，铜线为 Ø1.6。绑扎铝绞线或钢芯铝绞线时，应先在导线上包缠两层铝包带以保护导线，其包缠长度应露出绑扎处两端各 15mm。

①导线在蝶式瓷瓶上的固定：绑扎前先在导线绑扎处 150mm 范围内包缠铝包带，包缠应紧密、但不应相互重叠。

a. 直线段导线的绑扎，如图 6－10 所示。

将导线紧贴于瓷瓶颈部的嵌线槽内，让绑扎线置于导线左上侧与导线相交呈 X 状。同时，要注意绑扎线的端头余量（该余量能在嵌线槽中绕 1 圈＋能在导线上绕 10 圈）。

将绑扎线从导线左上侧斜绕过嵌线槽正面至导线右下侧，再

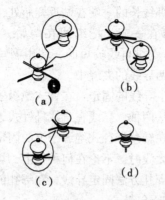

图 6 – 10　蝶式瓷瓶直线支持点的绑扎方法

平绕过嵌线槽背面至导线左下侧，继续平绕过正面嵌线槽，将绑扎线从导线右上侧绕出，接着绑扎线斜绕过嵌线槽正面至导线左下侧。

在贴近瓷瓶处开始，将绑扎线在导线上紧缠 10 圈后剪除余端。

将绑扎线另一端斜绕过嵌线槽背面至导线右边下侧，也在贴近瓷瓶处开始，将扎线在导线上紧缠 10 圈后剪除余端。

b. 始、终端支持点处的绑扎，如图 6 – 11 所示。

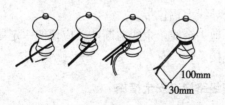

图 6 – 11　蝶式瓷瓶始、终端点的绑扎方法

把导线末端先在瓷瓶嵌线槽内围绕一圈，接着把导线末端压着第一圈后再围绕第二圈。把绑扎线较短的一端嵌入两导线末端并合处的凹缝中，绑线长的一端在贴近瓷瓶处，按顺时针方向把两导线紧紧地缠绑在一起。把绑线在两始、终端导线上紧缠100~150mm长后，与绑再线较短的一端用钢丝钳紧绞6圈后剪去余端，并紧贴在两导线的夹缝中。

②针式绝缘子上导线的固定：在针式绝缘子上绑扎导线的方法有顶绑法和侧绑法两种。导线在直线杆针式绝缘子上的固定多采用顶绑法，导线在转角杆针式绝缘子上的固定采用侧绑法，但当针式绝缘子顶槽太浅时，不论在何种杆上，均采用侧绑法。

不论采用何种绑扎方法固定导线，在绑扎前均应于导线绑扎处包缠150mm长的铝包带。

（2）耐张线夹法。当耐张杆、转角杆、分支杆、终端杆等承力杆采用耐张绝缘子串时，一般采用耐张线夹固定导线。

具体操作步骤如下。

第一步，在线夹内固定的导线处缠绕铝包带，以免导线被损伤。

第二步，先卸掉线夹的"U"形螺栓，将导线置入线夹的线槽内，然后安装拧紧线夹的"U"形螺栓。

第三步，将线夹联结在已固定于横担上的绝缘子串上。

第四步，检查无误后，松开紧线器，退出紧线器钳头，拆掉紧线器钳头处导线上铝包带。

第五步，剪去余线。余线剪断前，应预留一定尾线以保证过渡引线顺利连接。

六、架空线路施工安全措施

（1）一般要求。

①安装工作宜从上至下进行，避免立体交叉作业，防止伤人和损坏设备。

②凡两人以上安装或操作同一设备时，应建立呼唤应答制。

③放置或就位设备时，不应将脚放在设备的下方，防止压伤。

④使用扳手时，不准套上管子。

（2）架设电线必须有专人指挥，明确信号。所使用的机具（如绞车、滑车、绳索、拔杆等）需经计算和检验后方可使用。

（3）在六级以上的大风及雷雨、浓雾天气或精神不振、酒后，禁止立杆及杆上作业。

（4）杆塔起立。

①地面组装杆塔时，先选好场地，适当垫平，使杆塔不得滚动。

②在坑内放人电杆时，应使用带槽的滑板，不得用锹镐、棍棒等物代替。

③坑内有人工作时不难移动或转动电杆。

④起立杆塔离地面0.5～1m时，暂停起立进行检查，特别注意绳扣的连接部分。确认无问题后方可继续起立，当即立好，中途不得停下。杆塔起立到700m时应减慢牵引速度，工地人员均应站在距起立杆塔高度的1.2倍以外。

⑤不得使用锹镐、棍棒等不适宜的工具立杆，不得将叉杆、支杆等支撑在身体上。

⑥在市区、地方狭小或路堑、高岗、斜坡等地势不好的位置立杆时，应适当增加人员，并采取埋设木桩或用拉绳绑杆等措施，防止电杆倾倒或由坡上滚下。

⑦竖立杆塔时埋设的地锚，应根据不同地质及受力情况埋设牢固。利用树桩等代替地锚时，应详细检查确认坚牢没有拔出的危险方可使用。主牵引地锚、杆塔中心、扒杆顶及制动地锚四点需在一线上。

⑧在带电的架空电力线路和供电设备附近立杆或撤杆时，必须保证表6-2的安全距离。如不能保证安全距离，应先停电，

电 工

并在线路两端接地后再行施工。

表6-2　立杆时与带电体的最小安全距离

带电线路额定电压/kV	20 及以下	35～110	220
拉线距离带电路最外侧导线/m	2	4	6
坑拉中心与带电线路最外侧导线的水平距离/m	杆高加 2m		

（5）架线。

①放线前，应对线盘及线条进行详细检查，线条末端应固定在线盘上，以防放线时线条脱出伤人。放线盘应有可靠的制动措施，并经常保持良好状态，以保证放线时转动灵活，转速适当。

②放线时，通盘支架要放稳，两个支架受力要均匀，线盘轴杆应保持水平，防止线盘倾倒。

③放线时，放出的导线下面不得站人，线盘的边缘不得有突出的钉，看线盘人员的脚不得放入线盘底下。

④在市区、住宅区或跨越公路架线时，应派人看守，阻止车马通行以防压坏导线或伤人，跨越其他电线路时，需预先搭好越线架。

⑤在通航的河流上架线时，需在架线处的上、下游设人防护，必要时与通航部门取得联系，然后放一条紧一条，并绑扎牢固。

⑥紧线时应根据导线截面大小及地形情况，选择紧线工具和紧线方法。对不能承受紧线时导线张力的杆塔或横担，需打临时拉线，并随时注意检查拉线和杆塔的受力情况及有无变形。紧线器的尾线强度，应大于所紧导线拉力的强度，操作时，操作人员必须避开紧线器。紧线时必须将夹紧螺栓拧牢，以免滑动伤人。

⑦使用绞车紧线时，绞车上的绕线不得少于5圈，在其前方应装滑车，绞车的尾线应由有经验的人牵引，拉尾线的人应距绞车2.5m以外。

⑧在其他电力线上面或下面架线或撤线时，必须与有关部门联系停电。确认停电后，在其电力线路两端接地，方可进行工作。如必须在带电的电力线上面或下面架线。撤线时，必须保证安全距离和有妥善的安全措施，并经有关部门批准。

⑨在带电的架空电力线附近架线，必须保证表6-3的安全距离，否则，应停电接地后再行架线。

表6-3 架线时与带电体的最小安全距离

带电线路额定电压/kV	20 及以下	35~110	220
最外侧结构与带电线路最外侧导线的水平距离/m	2	4	6
架设导线与带电线路的垂直距离/m	2	4	6

第二节 电缆线路安装

电缆是一种特殊的导线，它是在1根或几根绝缘的导电线芯外面包上密闭的统包绝缘层和保护层。在电力系统中，最常见的有电力电缆和控制电缆两种。电力电缆是用来输送和分配大功率电能的；控制电缆是在配电装置中传输操作电流、连接电气仪表、继电保护装置以及用于自动控制等二次回路的。通常所说的电缆线路是指电力电缆。

一、电缆的结构、分类和用途

电缆由导电线芯、绝缘层、保护层等3部分组成。

1. 导电线芯

导电线芯是传导电能的通路，多采用多股细铜丝或细铝丝绞合而成，以增加电缆的柔软性。为了制造和使用上的方便，线芯截面有统一的标称等级，分为 $1mm^2$、$1.5mm^2$、$2.5mm^2$、$4mm^2$、$6mm^2$、$10mm^2$、$16mm^2$、$25mm^2$、$35mm^2$、$50mm^2$、$70mm^2$、$95mm^2$、$120mm^2$、$150mm^2$、$185mm^2$、$240mm^2$、$300mm^2$、$400mm^2$、$500mm^2$、$625mm^2$、$800mm^2$ 等。

电缆按线芯数分为单芯、双芯、三芯、四芯、五芯等几种。单芯电缆一般用来输送直流电、单向交流电或用作高压静电发生器的引出线；双芯电缆用于输送直流电和单向交流电；三芯电缆用于三相交流电网，是应用最广的一种电缆；四芯电缆用于 TN – C 系统中；五芯电缆用于 TN – S 系统中。

电缆线芯的形状有圆形、半圆形、扇形和椭圆形等。

2. 绝缘层

绝缘层的作用在于线芯与线芯之间的绝缘隔离以及线芯与保护层的绝缘隔离。绝缘层的材料通常是绝缘纸、橡皮、聚氯乙烯、聚乙烯、交联聚乙烯等。

3. 保护层

电力电缆的保护层较为复杂，通常分内护层和外护层两部分。

（1）内护层。内护层的作用在于保护电缆的绝缘不受潮湿和防止电缆浸渍剂的外流及轻度机械损伤。

内护层的材料通常有铅套、铝套、橡套、聚乙烯护套、聚氯乙烯护套等。

（2）外护层。外护层包括铠装层和外被层，其作用在于保护内护层。

铠装层的材料通常有钢带、粗圆钢丝及细圆钢丝等；外被层的材料通常有纤维绕包、聚乙烯护套、聚氯乙烯护套等。

二、电力电缆分类及型号表示

电力电缆按其绝缘层材料分为油浸纸绝缘电力电缆、橡皮绝缘电力电缆和聚乙烯（或聚氯乙烯）绝缘电力电缆等3大类，其规格型号格式为：

电缆类别－绝缘种类－线芯材质－内护层－其他特征－铠装层－外被层－芯数×截面积－额定电压（kV）－长度（m）

1. 油浸纸绝缘电力电缆

其绝缘材料为黏性油浸纸，由于容易受潮和滴流，因而都采用铅套或铝套对内护层进行密封。为了增加电缆的机械强度和防腐能力，又采用钢带或钢丝作为铠装外护层，再外加沥青麻被或挤压聚氯乙烯护套，以适应不同环境中敷设。

油浸纸绝缘电力电缆具有使用寿命长、工作电压等级高（1kV、6kV、10kV、35kV、110kV）、热稳定性能好等优点，但制造工艺较为复杂。其浸渍剂容易滴流，从而导致绝缘性能下降，因此，对此类电缆的敷设位差应做出限制，即要求不得超过表6－4规定值。

表6－4 油浸纸绝缘电力电缆允许敷设位差 （单位：m）

电压（kV）	外护层结构	铅包	铝包
1	铠装	25	25
	无铠装	20	20
6～10	铠装或无铠装	15	15

现研制出一种不滴流浸渍油浸纸绝缘电力电缆，采用黏度大的特种油料浸渍剂，在规定工作温度以下时不易流淌，其敷设位差可达200m，并可用于热带地区。但制造工艺更为复杂，价格昂贵。

2. 橡皮绝缘电力电缆

橡皮绝缘电力电缆的绝缘材料为丁苯天然混合橡胶，具有柔软、可挠性好，其保护层有铅包、氯丁橡皮和聚氯乙烯等护套，工作电压等级分为 0.5kV、1kV、3kV、6kV 等，其中 0.5kV 电缆使用最多。如橡皮绝缘聚氯乙烯护套电力电缆 XV（XLV）适用于室内、电缆沟、隧道及管道中敷设，不能承受机械外力作用。如橡皮绝缘钢带铠装聚氯乙烯护套电力电缆 XV22（XLV22）适用于土壤中敷设，能承受一定机械外力作用，但不能承受大的拉力。

3. 聚氯乙烯绝缘电力电缆

聚氯乙烯绝缘电力电缆以聚氯乙烯材料作为绝缘层，多采用聚氯乙烯护套，故又称为全塑电力电缆，其工作电压有 0.6kV、1kV、6kV 等。为了提高电力电缆承受机械损伤和抗拉能力，可增设钢带或钢丝铠装。由于聚氯乙烯绝缘聚氯乙烯护套电力电缆制造工艺简单，具有耐腐蚀、无敷设位差限制等优点，而且敷设、接续方便，允许工作温度范围大（ $-40℃ \sim +65℃$ ），绝缘强度高，故在高、低压线路中得到越来越广泛的应用。

4. 交联聚乙烯绝缘电力电缆

交联聚乙烯电力电缆是以交联聚乙烯塑料作为绝缘层，工作电压有 6kV、10kV、35kV 等三级，主要用于工频交流电压 35kV 及以下的输配电线路中。

三、电缆的敷设

1. 直接埋地敷设

将电缆直接埋入地下，不易遭受雷电或其他机械损伤，故障少、安全可靠；同时，其施工方法简单、费用低廉、电缆散热性好，但挖掘的土方量较大，电缆易受土壤中的酸碱性物质的腐蚀，线路维护也较困难，所以，当沿同一路径敷设的电缆根数较少（n≤8 根），敷设距离较长，且又有场地条件时，或者不适合采用架空线路的地方，一般采用电缆直接埋地敷设。直接埋地敷设，如图 6-12 所示。

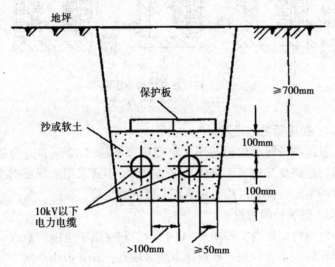

图 6-12 电缆直接埋地敷设

2. 在电缆沟内敷设

电缆在电缆沟内敷设方式适用于敷设距离较短且电缆根数较多（n≤18 根）的情况。如变电所内、厂区内及地下水位低、无高温热源影响的场所，都可采用电缆沟敷设电缆。由于电缆在电缆沟内为明敷设方式，敷设电缆根数多，有利于进行中长期供配电线路规划，而且敷设、检修或更换电缆都较方便，因而获得广泛应用。在电缆沟内敷设，如图 6-13 所示。

3. 在电缆隧道内敷设

电缆在电缆隧道内敷设与在电缆沟内敷设基本相同，只是电缆隧道所容纳的电缆根数更多（n＞18 根）。电缆隧道净高不应低于 1.9m，以使人在隧道内能方便地巡视和维修电缆。

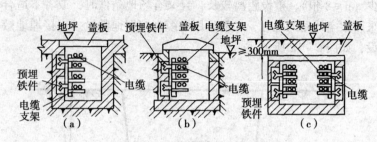

图 6－13　在电缆沟内敷设

(a) 户内；(b) 户外；(c) 厂区

4. 在排管内敷设

电缆在排管内敷设适用于电缆根数不超过 12 根，并与各种管道及道路交叉较多，路径又比较拥挤，不宜采用直埋或电缆沟敷设的地段。排管可用石棉水泥管或混凝土管。

5. 电缆桥架敷设

电缆桥架敷设，如图 6－14 所示，它克服了电缆沟敷设电缆时存在的积水、积灰、易损坏电缆等缺点，具有占用空间少、投资省、便于采用全塑电缆等优点，近年来我国也正在推广采用。

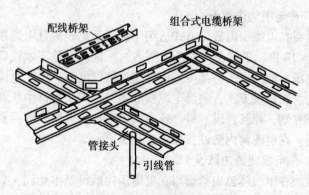

图 6－14　电缆桥架敷设

四、电缆的运行及维护

为了保持电缆设备的良好状态电缆线路的安全、可靠运行，首先应全面了解电缆的敷设方式、结构布置、走线方向及电缆中间接头的位置等。电缆线路的运行维护工作主要包括线路巡视、维护、预防性试验、负载温度测量及缺陷处理等。

1. 电缆线路的巡视检查

电缆线路内部故障虽不能通过巡视直接发现，但对电缆敷设环境条件的巡视、检查、分析，仍能发现缺陷和其他影响安全运行的问题。因此加强巡视检查对电缆安全运行有着重要意义。

（1）巡视检查的周期。

①敷设在土中、隧道中以及沿桥梁架设的电缆，每3个月至少巡视检查1次。根据季节及基建工程特点，应增加巡查次数。

②电缆竖井内的电缆，每半年至少巡查1次。

③水底电缆线路，由现场根据具体需要规定，如水底电缆直接敷于河床上，可每年检查一次水底线路情况，在潜水条件允许下，应派遣潜水员检查电缆情况，当潜水条件不允许时，可测量河床的变化情况。

④发电厂、变电所的电缆沟、隧道、电缆井、电缆架及电缆线路段等的巡查，至少每3个月1次。

⑤对挖掘暴露的电缆，按工程情况，酌情加强巡视。

⑥电缆终端头，由现场根据运行情况每1～3年停电检查一次，污秽地区的电缆终端头的巡视与清扫的期限，可根据当地的污秽程度予以决定。

（2）巡视检查的内容。

①对敷设在地下的每一电缆线路，应查看路面是否正常，有无挖掘痕迹及路线标桩是否完整无缺等。

②电缆线路上不应堆置瓦砾、矿渣、建筑材料、笨重物件、

酸碱性排泄物或砌堆石灰坑等。

③对于通过桥梁的电缆，应检查桥堍两端电缆是否拖拉过紧，保护管或槽有无脱开或锈烂现象。

④对于备用排管应该用专用工具疏通，检查其有无断裂现象。

⑤人井内电缆铅包在排管口及挂钩处，不应有磨损现象，需检查衬铅是否失落。

⑥对户外与架空线路连接的电缆和终端头应检查终端头是否完整，引出线的接点有无发热现象和电缆铅包有无龟裂漏油，靠近地面一段电缆是否被车辆撞碰等。

⑦多根并列电缆要检查电流分配和电缆外皮的温度情况。防止因接点不良而引起电缆过载或烧坏接点。

⑧隧道内的电缆要检查电缆位置是否正常，接头有无变形漏油，温度是否异常，构件是否失落，通风、排水、照明等设施是否完整。

⑨充油电缆线路不论其投入运行与否，都要检查油压是否正常。油压系统的压力箱、管道、阀门、压力表是否完善。并注意与构架绝缘部分的零件，有无放电现象。

⑩应经常检查临近河岸两侧的水底电缆是否有受潮水冲刷现象，电缆盖板有否露出水面或移位。同时，检查河岸两端的警告牌是否完好，瞭望是否清楚。

⑪查看电缆是否过载，电缆线路原则上不允许过载运行。

⑫敷设在房屋内、隧道内和不填土的电缆沟内的电缆，要特别检查防火设施是否完善。

2. 电缆线路的维护工作

检查出来的缺陷及电缆在运行中发生的故障以及在预防性试验中发现的问题，都要采取对策予以及时消除。

（1）电缆线路发生故障（包括做电缆预防性试验时击穿的

故障）后，必须立即进行修理工作，以免水分大量侵入，扩大损坏的范围。处理步骤主要包括故障测寻、故障情况的检查及原因分析、故障的修理和修理后的试验等。消除故障务必做到彻底，电缆受潮气侵入的部分应予以割除，绝缘剂有炭化现象者应全部更换。否则，修复后虽可投入使用，但过些日子故障又会重现。

（2）为防止在电缆线路上面挖掘损伤电缆，挖掘时必须有电缆专业人员在现场守护，并告知施工人员有关施工的注意事项。特别是在揭开电缆保护板后，就不应再用镐、钢钎等工具，应使用较为迟钝的工具将表面土层轻轻挖去。用铲车挖土时更应随时提醒司机注意，以防损伤电缆。

（3）防止电缆腐蚀。

①当电缆线路上的局部土壤含有损害电缆铅包的化学物质时，应将该段电缆装于管子内，并用中性的土壤作电缆的衬垫及覆盖，且在电缆上涂以沥青等。

②当发现土壤中有腐蚀电缆铅包的溶液时，应即调查附近工厂排出废水情况并采取适当改善措施和防护办法。

③为了防止电缆的化学腐蚀，必须对电缆线路上的土壤作化学分析，并有专档记载腐蚀物及土壤等的化学分析资料。

第三节　接地装置的安装

一、接地和接零的概念

1. 接地

所谓接地，就是电气设备和电气装置中的某一点与大地进行可靠的连接，包括保护接地、工作接地、防雷接地、静电接地、重复接地。

接地通常分为以下几类。

（1）工作接地。指为了运行的需要而将电力系统中的某一点接地。

（2）保护接地。为了保障人身安全，将电气装置中平时不带电，但可能因绝缘损坏而带上危险对地电压的外露导电部分与大地进行电气连接。

（3）防雷接地。防雷接地是给防雷保护装置向大地泄放雷电流提供通道。

（4）防静电接地。防静电接地是为了防止静电引燃易燃、易爆气液体造成火灾爆炸的接地。

如图 6-15（a）当电动机绕组绝缘损坏，而人体又触及这台电动机的外壳时，人体接触的电压为电动机外壳的对地电压（相电压），电流通过人体经大地与配电变压器中性点形成回路，使人体遭受电击的触电电压高、电流大、致命的危险性大。如图 6-15（b）由于接地电阻的作用，人体接触时的接触电压将降低，通过人体经大地与配电变压器中性点形成回路的电流将减小，对人身安全的威胁程度就降低了。电动机外壳接地时的接地电阻和变压器中性点接地电阻相比，电动机外壳接地电阻越小，接触电压越低，通过人体的电流就越小。

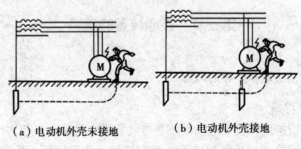

　（a）电动机外壳未接地　　　（b）电动机外壳接地

图 6-15　保护接地的意义

2. 接零

把电气设备的金属外壳及与外壳相连的金属构架与中性点接地的电力系统的零线连接起来,以保护人身安全的保护方式,叫保护接零（也叫保护接中线）,简称接零,如图6-16所示。

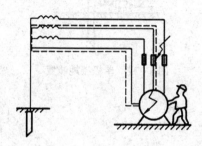

图6-16　保护接零

3. 重复接地

为防止保护接零系统中的零线断裂所造成的危害,将零线的每一重要分支线路上都进行一次可靠接地的方式,称为重复接地。

二、接地装置的分类和技术要求

1. 接地装置的分类

接地装置由接地体和接地连线两部组成。

（1）单极接地装置。指由一支接地体构成,接地线一端与接地体连接;另一端与设备的接地点连接。用于接地要求不太高和设备接地点较少的场所,如图6-17所示。

（2）多极接地装置。由两支以上的接地体构成,各接地体之间用接地干线连成一体,形成并联,从而减少了接地装置的接地电阻。可靠性强,适用于接地要求较高而设备接地点较多的场所,如图6-18所示。

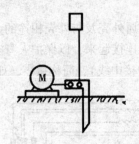

图 6 - 17 单极接地装置

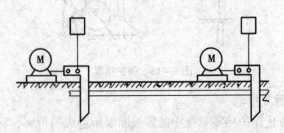

图 6 - 18 多极接地装置

（3）接地网络。指由多支接地体用接地干线将其互相连接所形成的网络。接地网络既方便群体设备的接地需要，又加强了接地装置的可靠性，也减少了接地电阻。适用于配电所以及接地点多的车间、工厂或露天作业场所。接地网如图 6 - 19 所示。

2. 接地装置的技术要求

接地装置的技术要求主要指接地电阻。避雷针和避雷线单独使用时的接地电阻小于 10Ω；配电变压器低压侧中性点接地电阻应在 $0.5 \sim 10\Omega$；保护接地的接地电阻应不大于 4Ω。多个设备共用一副接地装置，接地电阻应以要求最高的为准。

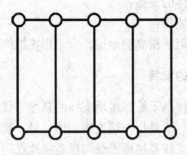

图 6 - 19　接地网

三、接地体的安装

1. 人工接地体的制作

制作规格为角钢的厚度应不小于 4mm；钢管管壁厚度不小于 3.5mm；圆钢直径不小于 8mm；扁钢厚度不小于 4mm，其截面积不小于 48mm^2。

2. 人工接地体的安装方法

（1）垂直安装方法

垂直安装接地体的制作方法：用角钢或钢管制成，长度一般在 2～3m 之间，但不能小于 2m，下端要加工成尖形。

安装方法：采用打桩法将接地体打入地下，接地体应与地面垂直，不可歪斜，打入地面的有效深度应不小于 2m，多极接地或接地网的接地体与接地体之间在地下应保持 2.5m 以上的直线距离。

（2）水平安装方法。用于土层浅薄的地方；安装采用挖沟填埋法，接地体埋入地面 0.6m 以下的土壤中。多极接地或接地网的接地体与接地体之间在地下应保持 2.5m 以上的直线距离。

（3）安装接地体的措施。在土壤电阻率较高的地层，安装接地体，必须采取以下 3 个措施。

①增加接地体的支数；

②填放化学填料；

③在土壤电阻率很高的地层，应采用挖抗换土的方法。

四、接地线的安装

接地线是指接地干线和接地支线的总称。接地干线是接地体之间的连接导线，或是指一端连接地体，另一端连接各接地支线的连接线。接地支线是接地干线与设备接地点间的连接线。

1. 接地线的选用

（1）用于输配电系统的工作接地线应满足下列规定。

10kV 避雷器的接地支线宜采用多股铜芯或铝芯的绝缘电线或裸线；接地线可用铜芯或铝芯的绝缘电线或裸线，也可以选用扁钢、圆钢或镀锌铁丝绞线，截面积应不小于 $16mm^2$。用做避雷针或避雷线的接地线的截面积应不小于 $25mm^2$。接地干线通常用截面积不小于 4×12 的扁钢或直径不小于 $6mm$ 的圆钢。

（2）用于金属外壳保护接地线的选用。

接地线最小截面积应不小于 $1.5mm^2$，裸导线应不小于 $4mm^2$；接地干线需按不小于相应电源相线截面积的 1/2 选用。装于地下的接地线不准采用铝导线；移动用电设备的接地支线必须用铜芯绝缘软线。

2. 接地干线的安装

接地干线与接地体的连接或接地体之间的连接：连接处尽可能采用电焊焊接，也允许用螺钉压接。

3. 接地支线的安装

每一台设备的接地点必须用一根接地支线与接地干线单独连接。在室内容易被人体触及的地方，接地支线要采用多股绝缘线。接地支线与接地干线或与设备接地点的连接，其线头要用接线耳，采用螺钉压接。固定敷设的接地支线需接长时，连接处必须正规，铜芯线连接处要锡焊加固。在电动机保护接地中，可利用电动机与控制开关之间的导线保护钢管作为控制开关外壳的接地线。接地支线的每个连接处都应置于明显部位，便于检修。

五、接地装置的质量检验内容和要求

（1）必须按照技术要求规定的数值标准检验接地装置的接地电阻，不可任意降低标准。

（2）接地装置的每一个连接点必须逐一按工艺要求规定的标准进行检查。

（3）在利用已有的金属体做接地体和接地线时，应先检查是否误接到有可燃、可爆介质的管道上，检查接地线的导电连续性是否良好，每处应有的过渡性电连接有无遗漏。

（4）接地线的安全截流量是否足够，选择材料有无误用。

（5）接地体四周土壤是否夯实，接地线支持是否牢固，应穿管保护的地方有无遗漏。

六、接地电阻的测量

1. 连接点的检查

连接点应逐个检查，不可采用抽查几个点的方法。采用电焊焊接的，应用锤敲去焊渣，不能存在虚焊，接触面积应符合要求；采用螺钉压接的，连接面应经过防腐处理，接触面积足够，螺钉规格符合要求，螺母应拧紧。

2. 自然接地装置的检查

首先检查是否误接在可燃可爆的管道上，其次检查自然接地装置的导电性能是否良好，跨接线有无漏装，跨接线连接是否符合要求等。

3. 接地线的检查

检查接地线的截面积是否符合要求，选择的材料是否适合使

用环境，特别要注意应该使用铜芯线的地方有没有误用为铝芯线。

4. 接地电阻的检查

接地电阻是检查接地装置质量的主要项目，必须按照技术要求规定的标准进行检查，不能降低标准。

常用接地装置的接地电阻要求，如表 6－5 所示。

表 6－5　常用接地装置的接地电阻要求

接地种类	接地场所	最大接地电阻/Ω
保护接地		4
变压器工作接地	容量不超过 100kV · A	10
	容量在 100kV · A 以上	4
低压架空线零线的重复接地	一般每一重复接地	10
	接地电阻达 10Ω 的系统	30
防止静电接地		100
防雷接地	避雷器	10
	避雷针	10
	避雷线	10

5. 其他情况的检查

（1）接地体周围的土壤是否夯实。

（2）接地线的支持点是否牢固。

（3）应穿管保护的地方有无遗漏

（4）应进行保护接地的设备有无漏接。

（5）各连接点是否正确可靠。

第七章　室内配电线路的安装

第一节　常见室内配线

室内配线是给建筑物的用电器具、动力设备、安装供电线路，有两相照明线路和三相四线制的动力线路。室内配线又分明装和暗装，明装还可分为明线明装（如瓷柱、瓷夹板配线）、暗线明装（如线管、线槽在墙壁上安装）。暗装可分为明线暗装（如顶棚天花板内配线）、暗线暗装（如线管埋入墙壁、地下）。室内配线及灯具安装比较简单，是初、中级电工必须具有的基本能力。

一、配线技术要求及工序

如上所述，室内配线方式很多，目前常用的有瓷柱配线、线管配线、线槽配线、护套线配线和桥架配线。室内外都用的还有滑触线配线和钢索配线。配线总的要求是横平竖直、整齐美观、经济合理、安全可靠。

（一）配线技术要求

（1）配线要按施工图纸进行。图纸对导线、预埋方式、灯具、配电箱位置都有技术要求和规定。

（2）配线水平敷设时距地面要2.5m以上；垂直敷设时地面以上要套2m的保护管。

（3）配线穿越楼板、墙壁时要加保护套管（瓷管、钢管、竹管、硬塑料管)。

(4) 配线穿越建筑物的伸缩缝、沉降缝时要留有余量。线管配线应加补偿装置。

(5) 配线尽量不要接头,若要接头或分支要加接线盒和分线盒,线管线槽内不允许有接头。

(6) 配线尽量不要交叉,若要交叉应在靠近内墙面的导线上套绝缘套管。

(7) 配线和电器设备与油管、水管、暖气管、煤气管等管线之间要保持一定得安全距离。一般在 0.1~1m。

(8) 配线安装完毕要进行认真检查,看有无错、漏,并用兆欧表检查线路的绝缘电阻,看是否有短路或接地。

(二) 室内配线工序

(1) 反复熟悉施工图纸,对于异议或不明之处找有关技术部门咨询,必要时提出图纸变更意见。

(2) 根据施工图确定配电箱、灯具、开关、插座位置,按施工进度做好管线、接线盒、固定螺栓等预埋工作。

(3) 进行线管穿线。

(4) 墙面抹灰后进行导线明敷设和安装电器设备。

(5) 收尾检查、整理查漏补缺,以待验收。

二、瓷瓶配线

瓷瓶配线常用的有柱式 (鼓式)、针式、蝶式 3 种瓷瓶。目前,这种配线在室内用得不多,只有某些动力车间、变电站或室外有用。其安装步骤简单地说是定位固定瓷瓶,放线、绑扎导线和安装电器设备。瓷瓶安装距离依不同的施工条件,一般横向间距离在 1.2~3m,纵向距离在 0.1~0.3m。瓷瓶配线根据工艺要求应注意以下几点。

(1) 在建筑物上配线时,导线一般放在瓷瓶上面,也可放

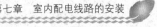

在瓷瓶下面或外面，但不可放在两瓷瓶中间（图7－1）。

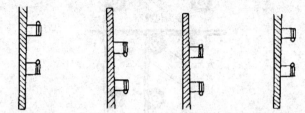

导线在瓷瓶上面　导线在瓷瓶下面　导线在瓷瓶外面　导线在瓷瓶中间

图7－1　瓷瓶配线1

（2）导线弯曲、转角、换向时，瓷瓶要装在导线弯曲的内侧（图7－2）。

（3）导线不在一个平面弯曲时要在凸角两面加设瓷瓶（图7－3）。

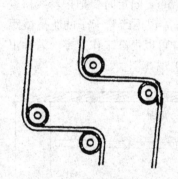

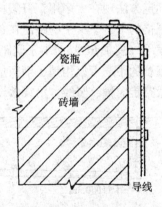

图7－2　瓷瓶配线2　　　　图7－3　瓷瓶配线3

（4）导线分支时，分支处要装设瓷瓶；导线交叉时要在靠近墙面的那根导线上套绝缘管（图7－4）。

（5）导线绑扎时，要把导线调平、收紧。

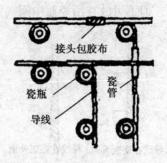

图 7 – 4　瓷瓶配线 4

三、护套线配线

　　护套线配线可以理解是一种临时配线，一般用在家庭或办公室内。它直接敷设在墙壁、梁柱表面。也可以穿在空心楼板内。固定方法现在大多用钢钉塑料卡子。根据护套线的规格选用相同规格的卡子。卡子的距离在 0.3 ~ 0.5m。固定时要把护套线捋直放平（扁护套线），卡子间距要相等。根据经验卡子的距离或距屋顶的距离可以用锤子柄衡量，这样可以提高工作效率。若画出线路走向横、竖线，沿线敷设则更美观（图 7 – 5）。

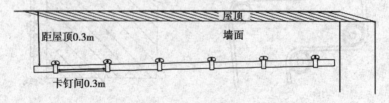

图 7 – 5　护套线配线

四、线槽配线

　　线槽配线也是一种临时配线，或工程改造配线。如一户一表工程改造，将导线装在线槽内敷设在走廊或墙壁上。线槽的固定拼装，具体工艺步骤如下。

（1）固定。用冲击钻按固定点打 φ6mm 的孔，孔内放上塑料胀管。用木螺丝将底板固定牢固，固定点距离约 0.3m。分支与转角处要加强固定点。

（2）拼装。接头处底板和盖板要错开，便于固定与受力。转角处底、盖合好，将横、竖槽板各据 45°斜角。分支处在横板 1/2 处锯出 45°的三角，竖板锯出 45°尖角，使横竖相配。线槽与塑料台相切处线槽也应处理成圆弧，使相切无缝隙（图 7 -6）。

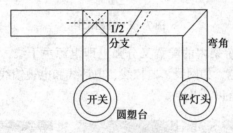

图 7 -6 线槽配线

（3）布线。安装电器件，将导线放入线槽内盖好盖板。

现在 30mm 以上的线槽都配有接头、弯头、内外转角等配件，施工方便，减少工序，提高了工作效率，如图 7 -7 所示。

五、桥架配线

随着现代高层大型建筑物拔地而起、飞速发展，传统的配线已远远不能满足需要，建筑物内的负荷增大，各种线路增多，供电干线已不能埋入墙体或楼板内，桥架配线应运而出成为主角。

桥架配线可以理解为线槽配线的翻版，是放大了的线槽，所不同的是固定方式，桥架的固定主要是悬吊式和支架式，如图

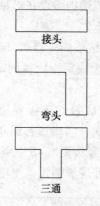

接头

弯头

三通

图 7 - 7 线槽配件

7 - 8 所示。桥架内的配置又分强电即电源主干线，主要是电线电缆，和弱电，如网线、监控线、电话线和电视馈线等。桥架安装工艺要求有以下几点。

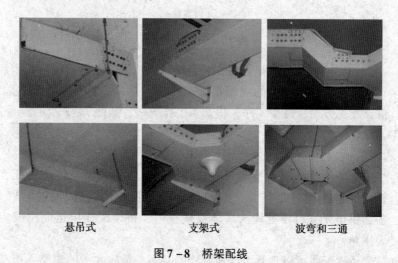

悬吊式　　　　　支架式　　　　　波弯和三通

图 7 - 8 桥架配线

（1）桥架的固定吊杆、金属支架等，要在墙体粉刷前安装固定。

（2）桥架有箱体、连板、弯头、三通、四通、波弯、大小头等配件，要按照施工图纸组装后安装。

（3）为了保证良好的接地，箱体连接处要跨接接地线辫。

（4）桥架安装要牢固，布线完成以后要盖好盖板，因碰撞掉漆处要补刷（喷）。

六、线管配线

1. 线管配线的特点与方式

线管配线是将导线穿在管内的敷设方法。这种配线有防潮、防腐、导线不易受直接损伤等特点。但导线发生断线、短路故障后换线维修比较麻烦。

线管配线有明敷设和暗敷设两种，明敷设将线管敷设在墙壁或其他支持物上，也称暗线明装；暗敷设将线管埋入地下、墙内，也称暗线暗装。目前，常用的线管有金属镀锌（镀铬）电线管和高强度的 PVC 管。

2. 线管配线的步骤与工艺要求

（1）选管。根据施工图纸设计要求，一般大型永久性建筑物采用金属管；中小型建筑物使用 PVC 管。

根据穿线的截面和根数选择线管直径，要求穿管导线的外总截面（包括绝缘皮层）应等于或小于线管内径截面的 40%。

（2）下料布管。用钢锯、管子割刀或无齿电锯，按所需线管长短进行下料，并锉去管口毛刺。现在线管弯曲有弯头、分支有三通、连接有接头、粗细管连接有大小头等配件，所以，减少配管的许多工序，大大提高了工作效率（图 7-9）。

暗布管时，若在现场浇注混凝土，当模板支好，钢筋扎好后，将线管组装后绑扎在钢筋上；若布在砖墙内应先在墙上留槽或开槽；若布在地下应在混凝土浇筑以前预埋。布管的同时，线

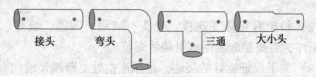

接头　　　弯头　　　三通　　　大小头

图 7 – 9　线管配件

管内应穿上铁丝，备牵引导线用。管口要用废旧纸张、塑料封堵，防止砂浆、杂物进入管内影响穿线。

　　明装布管时，线管沿墙壁、柱子等处敷设，塑料管用塑料卡子固定，金属管用金属卡子固定，金属管连接处要跨焊接地线。接线盒、配电箱等都要进行良好接地。当线管穿越建筑物的沉降缝（伸缩缝）时，为防止地基下沉或热胀冷缩；损伤线管和导线，要在伸缩缝旁装设补偿装置（图 7 – 10）。补偿装置接管的一端用根母拧紧，另一端不用固定。当明装时可用金属软管补偿，软管留有弧度，用以补偿伸缩（图 7 – 11）。

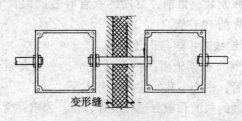

变形缝

图 7 – 10　补偿装置

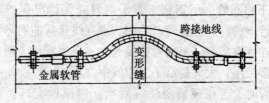

跨接地线

金属软管　　　变形缝

图 7 – 11　软管补偿

（3）穿线安装电器。当土建地坪和粉刷完工后，就应及时穿线，由于布管时管内已穿上了牵引铁丝，此时，根据线管长度裁剪导线并依据火、地、零导线规定的颜色选择导线，将数根导线并拢（线管内导线最多不得超过8根），与牵引铁丝一端绑扎好。一人向管内送线（注意送线人一定要小心管口刮伤导线绝缘皮层），另一端有一人牵引铁丝（图7－12）。若推拉不动或线管折弯处，则送线人要拉出一下导线，再送拉，如此反复几次让导线打弯后再前进。若穿线失败，导线与牵引铁丝分离或因误漏穿引铁丝则要重新穿牵引线，这时的牵引线要用弹性较强的钢丝，钢丝头要弯成不易被挂的圆形角头（易穿入管内），当导线穿好后安装电器元件，注意连接螺栓的螺帽或螺钉要压紧，不要有虚点也不要压绝缘，接线盒内导线要留有余量，电器件安装要牢固、端正。

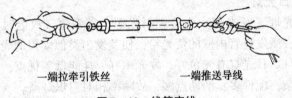

一端拉牵引铁丝　　　　一端推送导线

图7－12　线管穿线

第二节　灯具安装

灯具安装（包括插座），是初级电工应会的技能，如果职业技术院校电气或机电专业的学生不会安装或维修灯具那是不可置信的。灯具形形色色，安装千变万化，但万变不离其宗，无非两根线即火线和零线。

一、灯具的种类及特点

以光源分有白炽灯、日光灯、汞灯、钠灯、氙灯、碘钨灯、卤化物灯；按安装场合分有室内灯、路灯、探照灯、舞台灯、霓虹灯；按防护形式有防尘灯、防水灯、防爆灯；按控制方式有单控、双控、三控、光控、时控、声光控、时光控等，按光缘分有热辐射光源和冷辐射光源。

下面简单介绍不同光源的灯具。

1. 白炽灯

白炽灯为热辐射光源，是由电流加热灯丝至白炽状态而发光的。电压220V的功率为15～1 000W，电压6～36V的（安全电压）功率不超过100W。灯头有卡口和螺丝口两种。大容量一般用瓷灯头。白炽灯的特点结构简单、安装方便、使用寿命长。

2. 日光灯

日光灯（荧光灯）为冷辐射光源，靠汞蒸气放电时辐射的紫外线去激发灯管内壁的荧光粉，使其发出类似太阳的光辉，故称日光灯。日光灯有光色好、发光率好、耗能低等优点，但结构比较复杂，配件多，活动点多，故障率相对白炽灯高。

3. 高压汞灯（水银灯）

高压汞灯有自镇流式和外镇流式两种。自镇流式是利用钨丝绕在石英管的外面做镇流器；外镇流式是将镇流器接在线路上。高压汞灯也属于冷光源，是在玻璃泡内涂有荧光粉的高压汞气放电发光的。高压汞灯广泛用于车间、码头、广场等场所。

4. 卤化物灯

卤化物灯是在高压汞灯的基础上为改善光色的一种新型电光源。具有光色好、发光效率高的特点，如果选择不同的卤化物就可以得到不同的光色。

5. 高压钠灯

高压钠灯是利用高压钠蒸汽放电发出金色的白光，其辐射光的波长集中在人眼感受较灵敏部位，特点是光线比较柔和，发光效率好。

6. 氙灯（"小太阳"）

氙灯是一种弧光放电灯，有长弧氙灯和短弧氙灯。长弧氙灯为圆柱形石英灯管，短弧氙灯是球形石英灯管。灯管内两端有钍钨电极，并充有氙气。这种灯具有功率大、光色白、亮度高等特点，被喻为"小太阳"。广泛用于建筑工地、车站机场、摄影场所。

7. 碘钨灯

碘钨灯是一种热光源，灯管内充入适量的碘，高温下钨丝蒸发出钨分子和碘分子化合成碘化钨，这便是碘钨灯的来由。碘化钨游离到灯丝时又被分解为碘和钨，如此循环往复，使灯丝温度上升发出耀眼的光。碘钨灯的特点是体积小、光色好、寿命长，但启动电流较大（为工作电流的 5 倍）。这种灯主要用在工厂车间、会场和广告箱中。

8. 节能灯

节能灯具有光色柔和、发光效率高、节能显著，被普遍用于家庭、写字楼、办公室等。工作原理和日光灯相同，管内涂有稀土三基色荧光粉，发光效率比普通荧光灯提高 30% 左右，是白炽灯的 5~7 倍。

二、灯具安装

灯具的安装形式有壁式、吸顶式、镶嵌式、悬吊式。悬吊式又有吊线式、吊链式、吊杆式（图 7-13）。

灯具安装一般要求悬挂高度距地 2.5m 以上，这样一是高灯放亮，二是人碰不到相应的安全。暗开关距地面 1.3m，距门框

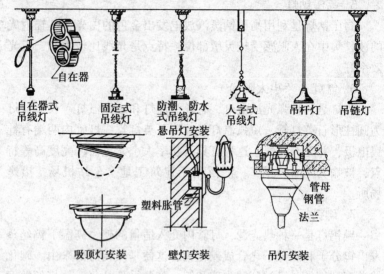

自在器

自在器式
吊线灯　　固定式
　　　　吊线灯

防潮、防水
式吊线灯
悬吊灯安装

人字式
吊线灯

吊杆灯　　吊链灯

塑料胀管

管母
钢管
法兰

吸顶灯安装　　　壁灯安装　　　　吊灯安装

图 7 – 13　灯具安装形式

0.2m，拉线开关距屋顶0.3m。

1. 白炽灯安装的步骤与工艺要求

（1）安装圆木台（塑料台）。在布线或管内穿线完成之后安装灯具的第一步是安装原木台。圆木台安装前要用电工刀顺着木纹开两条压线槽；用平口螺丝刀在木台上面钻两个穿线孔；在固定木台的位置用冲击钻打 φ6mm 的孔，深度约25mm，并塞进塑料胀管，将两根导线穿入木台孔内，木台的两线槽压住导线，用螺丝刀、木螺丝对准胀管拧紧木台（图7–14）。

（2）安装吊线盒（挂线盒）。将木台孔上的两根电源线头穿入掉线盒的两个穿线孔内，用两个木螺丝将吊线盒固定在木台上（吊线盒要放正）。剥去绝缘约20mm，将两线头按对角线固定在吊线盒的接线螺丝上（顺时针装），并剪去余头压紧毛刺。用花线或胶质塑料软线穿入吊线盒盖并打扣（承重），固定在吊线盒

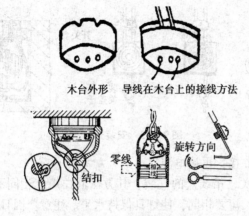

木台外形　导线在木台上的接线方法

零线　结扣　旋转方向

图7－14　安装圆木台

的另外两个接线柱上，并拧紧吊线盒盖。

（3）安装灯头。灯头一般在装吊线盒时事先装好，剪花线0.7m，一端穿入灯头盖并打扣，剥去绝缘皮层将两线头固定在灯头接线柱上（图7－14）。如果是螺丝口灯头火线（花线不带白点的那根线）应接在与中心铜片相连接的接线柱上，零线接在与螺口相连的接线柱上，以避免触电。

（4）安装开关。开关有明装（拉线开关）和暗装（扳把开关）之分。开关控制火线（相线），拉线开关同安装吊线盒相似，先装圆木台再装开关，开关要装在原木台的中心位置，拉线口朝下。扳把开关，在接线盒接线，盒内导线要留有余量，扳柄向上（接通位置）线接好后再把开关用机螺丝固定在接线盒（开关盒）上（图7－15）。

2. 日光灯安装步骤

（1）组装并检查日光灯线路，若日光灯部件是散件要事先组装好。如果是套装，要检查一下线路是否正确、焊点是否牢固。组装时将所有电器件串联起来，若双管或多管则先单管串

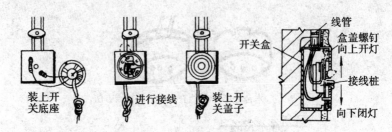

图 7 - 15 安装开关

接，后多管并接，再接电源。

（2）开关、吊线盒的安装，其方法同白炽灯相同不再赘述。吊链或吊杆长短要相同，使灯具保持水平。注意：因日光灯灯脚挂灯管处有 4 个活动点，启辉器处有 2 个活动点，这是日光灯接触不良易出故障的地方（图 7 - 16）。

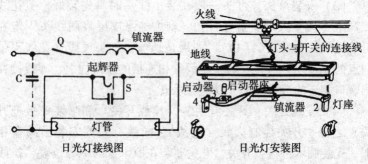

图 7 - 16 开关、吊线盒的安装

3. 插座的安装步骤

插座有明、暗之分，明插座距地面 1.4m，特殊环境（幼儿园）距地面 1.8m；暗插座距地面 0.3m。插座又分单相和三相，单相有两孔的（一火一零）、三孔的（一火一零一地）、两孔和三孔合起来就是五孔的。四孔插座为三相的，是三火一地，另外还有组合插座也叫多用插座或插排。安装时需要装圆木台的如前面白炽灯的装法一样。因插座接线孔处有接线标志，如"L"
"N"等，可以对号入座，但需要注意的是导线的颜色不能弄错。
一般零线是"兰"、"黑"色，火线是"黄"、"绿"、"红"三
色，地线是"双色"，否则易造成短路或接地故障（图7-17）。

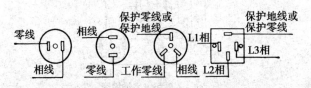

图7-17　插座的安装

三、电表箱、配电箱（配电柜）的安装

电表箱、配电柜的安装也是室内配线的重要组成部分，技术
含量相对要高些，一般与灯具安装同步进行的，箱体的安装形式
有悬挂式、镶嵌式、半镶嵌式、落地式等。

1. 电表箱的安装

为了对用户用电量的计算而装电表箱，一般是一户一表，也
有一个住户单元装一个总电表箱，便于抄表员抄表。电表箱内装
有单相电表和控制开关。

2. 单相电表的安装

单相电表结构简单便于安装，适用于居民家庭，有转盘数字
式和液晶显示式。将电表和开关在箱体安装好后再进行接线，电
表接线盒内有4个接线柱，从左至右1、3柱接电源，2、4柱接
负载，其结构、接线、安装，如图7-18所示。

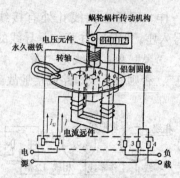

（a）单相电表结构图

（a）单相电度表的接线方法

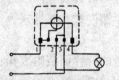

（b）单相电表接线图

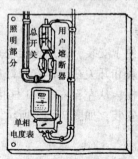

（c）单相电表安装图

图 7－18　单相电度表的安装

第三节 电气照明识图

一、常用图形符号

照明平面图除表示照明线路的导线规格型号、导线根数、穿管管径、敷设方式、敷设位置等外，还要表示各种照明灯具及其附件的数量、型号、安装方式和安装位置。

电气照明平面图的特点是：采用图形符号加文字标注的方法表达电气照明导线和灯具的规格、数量、安装位置、安装方式等。表7－1列出照明平面图常用图形符号。

表7－1 照明平面图常用图形符号

线路一般符号		沿建筑物明敷通信线路	
地下线路		钢索线路	
架空线		事故照明线	
管道线		50V 以下电力及照明线路	
沿建筑物暗敷通信线路		保护线	
中性线		单相插座	
保护线中性线共用		暗装单相插座	
三相五线线路		暗装密闭单相插座	
向上配线		带保护触点的单相插座	
向下配线		暗装带保护触点的单相插座	

（续表）

垂直通过配线		带接地孔密闭单相插座	
通讯电缆蛇形敷设		暗装带接地孔密闭单相插座	
穿线盒或分线盒		带接地孔的三相插座	
电缆直通接线盒		密闭单相插座	
电缆分线盒		电视天线插座	
电缆气闭绝缘套管		插座箱（板）	
电缆平衡套管		单极开关	
电缆直通套管		密闭单极开关	
电缆交叉套管		单极拉线开关	
双控开关		防水防尘灯	
双控拉线开关		防爆灯	
暗装单极开关		单管日光灯	
防爆单极开关		三管日光灯	
双极开关		多管日光灯	
暗装双极开关		防爆日光灯	
灯具一般符号		照明配电箱	
天棚灯		电力配电箱	

（续表）

花灯	⊗	事故照明配电箱	⊠
壁灯	◗	多种电源配电箱	(符号)
乳白玻璃球形灯	●	调光器	(符号)
投光灯	(符号)	热水器	(符号)
弯灯	(符号)	风扇	(符号)

二、照明线路表示方法

照明线路在平面图上是用图线加文字标注的方法表示线路的用途、敷设方式、敷设部位、导线型号、导线截面、导线根数、穿管管径等。

1. 用图形符号表示照明线路

线路的图形符号使用 GB 4728 中规定的符号。

2. 用文字符号表示线路敷设方式

照明线路的敷设方式有明敷和暗敷两类，每一类中还有线槽、管子、瓷瓶等多种敷设方式。线路敷设方式的文字符号，如表 7－2 所示。

表 7－2　线路敷设方式

敷设方式	旧符号	新符号	敷设方式	旧符号	新符号
明　　敷	M	E	钢索敷设	S	M
暗　　敷	A	C	金属线槽		MR
铝皮线卡	QD	AL	电线管	DG	T
电缆桥架		CT	塑料管	SG	P
金属软管		F	塑料线卡		PL

电　工

（续表）

敷设方式	旧符号	新符号	敷设方式	旧符号	新符号
水煤气管	G	G	塑料线槽		PR
瓷绝缘子	CP	K	钢　管	GG	S

3. 用文字符号表示线路敷设部位

线路敷设部位的文字符号，旧符号是用汉语拼音字母表示，新符号改用英文字母表示。线路敷设部位的文字符号，如表7－3所示。

表7－3　线路敷设部位的文字符号

敷设方式	旧符号	新符号	敷设方式	旧符号	新符号
沿梁	L	B	沿顶棚	P	CE
沿柱	Z	C	沿地板	D	F
沿构架		R	沿吊顶		SC
沿墙	Q	W			

在同一敷设部位，采用的敷设方式有明敷和暗敷两类。在照明平面图中，常将敷设部位的文字符号写在前边，明敷或暗敷的文字符号写在后边加以区别。如沿墙明敷表示为WE，埋地暗敷表示为FC。

4. 用文字符号表示线路的用途

线路用途的文字符号，如表7－4所示。

表7－4　线路用途的文字符号

线路名称	控制线路	直流线路	电话线路	广播线路	照明线路	电力线路	电视线路	插座线路
文字符号	WC	WD	WF	WS	WL	WP	WV	WX

在一般照明图中，线路的用途清楚，无需标注。只有在同一图纸中出现多种不同用途的线路时，才需加以标注。

三、照明灯具及其附件表示方法

照明灯具及其附件常见的表示方法有：

1. 用图形符号表示照明灯具及其附件

照明灯具及其附件的图形符号，使用 CB 4728 中的规定符号。

2. 用文字符号表示电光源的种类

常用电光源的文字符号，如表 7 – 5 所示。

表 7 – 5　常用电光源的文字符号

光源种类	白炽灯	荧光灯	汞灯	碘钨灯	钠灯	氙灯	氖灯
符号	IN	FL	Hg	I	Na	Xe	Ne

3. 用文字符号表示灯具的安装方式

照明灯具安装的文字符号，如表 7 – 6 所示。

表 7 – 6　照明灯具安装的文字符号

安装方式	线吊安装	链吊安装	管吊安装	吸壁安装	嵌入安装
符号	WP	C	P	W	R

4. 照明灯具的文字标注格式

一般文字标注方式：$a-b\dfrac{c\times d\times 1}{e}f$ 吸顶安装标注方式：$a-b\dfrac{c\times d\times 1}{-}f$	a：同类灯具数量 b：灯具型号或编号 c：每盏灯具的灯泡数 d：每个灯泡的容量（单位：W） l：电光源的种类（常省略）f：安装方式 e：安装高度（单位：m）

例如，$20 - \text{YG2} - 2 \dfrac{2 \times 40 \times \text{FL}}{2.5}$ 表示有 20 盏型号为 YG2 - 2 型的荧光灯，每盏灯具有 2 支 40W 灯管，采用链吊安装，安装高度为 2.5m。

又如，$2 - \text{DBB306} \dfrac{4 \times 60 \times \text{IN}}{}$ 表示有 2 盏 DBB306 的灯具，每盏有 4 个 60W 白炽灯灯泡，吸顶安装。